U0052420

從日照條件了解植物特性

多年生草本植物栽培書

目錄

多年生草本植物庭園的四季維護管理工作

含苞待放的東方虞美人，萼片裂開後宛如兩隻耳朵，外型酷似絨毛玩具。流露出嬌媚表情的一瞬間。

一年比一年燦爛耀眼的多年生草本植物庭園

散發著生命氣息
充滿發現&喜悅的小宇宙

多年生草本植物庭園裡，一年四季都有不同種類的花競相綻放著，能夠深深地感覺出隨著歲月推移的大自然氛圍。多年生草本植物的魅力，不是一言兩語就能夠形容，而且，若概括地稱為「多年生草本植物」，就很難清楚地看出它們的優點，因此將它們視為具備多樣性的生物，不只是單純地去檢視個體，而是希望能綜觀整座庭園。讓自己同化為庭園小宇宙的一部分，想不想懷著這種感覺，敞開胸懷去接納一切呢？如此一來，花兒們就會展露出令你意想不到的表情。含苞待放的花，看起來就像是可愛無比的動物臉龐，或翩翩起舞的仙子。庭園裡每天都會有嶄新的發現，感覺到生命的躍動感。多年生草本植物的植株漸漸地長大，庭園一年比一年燦爛耀眼，這才是多年生草本植物庭園的最大魅力。

多年生草本植物到底該怎麼照料呢？剛開始栽培時，腦海中想必出現不少疑問吧！栽種後不斷地摸索學習，再加上持續地觀察，問題自然迎刃而解。懷著敏銳的覺察力，好好地守護庭園吧！

無論春夏秋冬，庭園都維持著最佳狀態，這幾乎是不可能的任務。庭園的維護管理過程中，一定會遇到許多必須克服的難關，面臨到不適合維護整理庭園的氣候與時期。儘管如此，一年四季植物還是展露出各自的表情，野鳥或昆蟲等貴客也會如期來報到。希望你都能珍惜這些可讓生活過得更豐富精采的小確幸，和造訪多年生草本植物或庭園的生物們好好地相處。

花心突出成圓球狀的紫錐花。開花後花瓣垂下，形狀像光頭和尚。

在燦爛陽光下繽紛綻放

繽紛綻放著各色花朵的美麗庭園。陽光普照的庭園，植物種類與變化也豐富多元，可欣賞到富於變化的植栽。植物的生長速度快，四季變化分明，適合搭配一年生草本植物等。改變欣賞方向或角度等視野，就能欣賞到截然不同的景色。

適材適所地栽種 打造舒適雅致的庭園

光、水、空氣、溫度對於植物而言至為重要，適合植物生長的種類範圍因日照量、光照強度等日照條件而不同。其次，植物也會適應環境，因此，即便相同種類的植物，也會因為日照條件差異而展現出不同的樣貌。只要在容許範圍內，適材適所地栽種，植物自然就會展現出與生俱來的美麗樣貌。植物與生物們甚至還會構成一個非常平衡的生態系統。

仔細觀察庭園裡各場所的環境，挑選適合於各環境中生長的植物，庭園的維護管理工作自然輕鬆愉快。此外，挑選喜歡相同條件的植物，既方便組合栽種，又容易形成共生狀態，整座庭園的外觀也會顯得更沉穩大方。

庭園與陽台是起居室的延伸，這句話耳熟能詳。建議以能夠欣賞美景，融合色彩與香氣，充滿舒適氛圍的室外起居室為重點目標，多花幾年時間，慢慢地打造一座能夠完全地融入大自然環境中的美麗庭園，這就是多年生草本植物庭園的醍醐味。

捎來春天消息的
聖誕玫瑰
隆冬季節就展露花顏，沐浴著陽光，競相綻放的聖誕玫瑰。植株一年一年地長大，越來越富於變化而成為花壇裡的主角。玉簪與老鸛草等多年生草本植物也開始發芽，葡萄風信子等球根類植物也增添了色彩。度過寒冬的刻葉紫堇、圓齒野芝麻等，一年生草本植物自由自在地四處綻放。

深深地打動人心的庭園獻禮

那是光、風、野草、昆蟲、山林……
剎那的相遇，庭園共演者們自然流露的豐富表情。
與大自然融為一體的那一刻。
春夏秋冬，改變姿態後，繼續變換著樣貌的庭園。
能夠為日常生活帶來嶄新發現與小小歡樂，最貼近生活的小宇宙。

造訪庭園，吸食著奧勒岡花蜜的突尾鉤蛺蝶。各種蝴蝶與蜜蜂等昆蟲絡繹不絕地來造訪。

狀似枯枝的竹節蟲。偶爾會看到這麼珍貴的昆蟲來訪，這是打造自然風多年生草本植物庭園才會得到的獎賞。

花謝後圓形果實成熟裂開而呈現棉絮狀的秋牡丹，宛如在秋末花壇裡綻放著白花。種子會乘風飛向遙遠的地方。

在天寒地凍的庭園裡綻放著可愛花朵的雪花蓮。最適合搭配雪景，別名雪之花。

鳳梨鼠尾草（Golden Delicious）。黃綠色葉將紅色花襯托得更耀眼。散發著果香味。

5月份由自家庭園眺望甲斐駒岳（2967m）時的情景。初夏時節，雄偉險峻峰峰相連的南阿爾卑斯群山的山頭上，依然覆蓋著靄靄殘雪。一到了夏天，高山植物就會綻放出美麗的花朵。

觀葉類植物的競演

半遮蔭角落上，以掌葉鐵線蕨為首，形狀各不相同的觀葉類植物成了主角。大小玉簪類與觀葉地被植物競相比美。整座庭園充滿明亮自然氛圍。園內混植球根類，亦可組合栽種喜歡遮蔭環境的鳳仙花等植物。

花很漂亮，黑色果實形狀也很獨特的射干。花謝後種子成熟不掉落，繼續留在枝頭上一段時間，也是花藝設計的好花材。

本書內容提要

*多年生草本植物目錄是依據日照條件分類後進行介紹，但大部分植物都具有適應環境的能力，因此，植物能夠生長的日照程度範圍相當大。本書內容則是在「從日照條件看認為是最適合植物生長的環境」條件下分類。

*本書中的栽培管理相關記載係以日本關東地區以西的平地為基準。管理方法可能因地區氣候而不同。

*日本依據種苗法相關規定，凡經過種苗登錄的品種，一律禁止轉讓，或進行以銷售為目的之繁殖。進行芽插等營養繁殖前請務必確認。

可依據日照條件搜尋推薦栽種的多年生草本植物目錄

從全日照環境到遮蔭處，書中將以庭園的日照條件分類，
進行多年生草本植物相關介紹。
確認開花期、株高、株寬後，
配合植栽空間大小，挑選適合栽種的多年生草本植物吧！

要打造多年生草本植物庭園 先了解庭園的日照條件

遮蔭處也能打造多年生草本植物庭園

了解自家庭園的日照條件，是掌握適合庭園栽種的多年生草本植物不可或缺的工作。將喜愛充足陽光的植物，種在日照條件不佳的場所，可能出現花數銳減，植株軟弱或枯萎等情形。

喜愛的多年生草本植物若種在不適當的場所，植株就無法健康地成長。反之，即便面積不大或日照條件不佳的庭園，只要選對植物，打造一座環境清幽舒適的多年生草本植物庭園絕對不是夢。

先確認日照時間

日照條件可依據日照時間長短，分成全日照、半遮蔭、遮蔭三大類。

全日照係指日照時間為半天以上的場所，半遮蔭指一天的日照時間為2至3小時的場所，遮蔭則是指幾乎不會直接照射到陽光的場所。從全日照到遮蔭，了解栽種場所的日照條件屬於哪一種，就能大致地掌握適合該場所栽種的多年生草本植物。

其次，陽光由哪個方向照射也很重要。花通常都是朝著太陽方向綻放，弄錯植物的栽種方向，欣賞到的很可能都是花的背面。日照時間與場所也會因為季節而大不同。

先確認一下住家的周邊環境，確實地掌握日照時間吧！

確認事項

- ☑ 一天的日照時間為幾小時？
- ☑ 陽光照射時間是上午或下午？
- ☑ 陽光從哪個方向照射？
- ☑ 日照情形隨著季節出現的變化？

住宅用地方位＆日照情形

遮蔭至半遮蔭

面向北側道路的住宅用地常見情形。

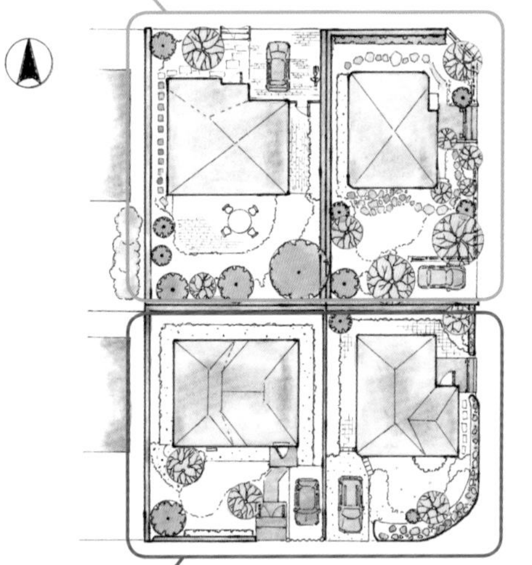

全日照

面向南側道路的住宅用地或位於東南側角地常見情形。

任何住宅用地上都存在著全日照至遮蔭等場所。配合植栽場所的日照條件，挑選多年生草本植物，植物自然茂盛生長。

全日照

面向南側道路的住宅用地日照實例。

陽光不會直接照射到的遮蔭區域。周圍建築物牆壁色彩較明亮時，成為明亮遮蔭處。可能因季節關係而照射到陽光。
光線由東側照射，日照時間為2至3小時的半遮蔭空間。
陽光不會直接照射到的遮蔭區域。周圍牆色彩較明亮時，成為明亮遮蔭處。
面向東南方的全日照低矮石牆，適合栽種喜愛乾燥全日照的植物。
日照時間為半天以上的全日照區域。
日照時間為半天以上的全日照區域。

全日照空間

全日照

日照時間為半天以上的全日照環境，南側為開放空間，或未鄰接高牆、建築物的場所比較常見。喜愛全日照的多年生草本植物種類非常多，可以依喜好組合栽種最富魅力。

但這類植物通常都長得很茂盛，因此，組合配置時，需避免植株高大的多年生草本植物形成遮蔭狀態，影響植株低矮的多年生草本植物之生長。

乾燥全日照

即便是全日照環境，適合栽種的多年生草本植物種類，還是會因為土壤乾濕程度而不同。緋苞木般喜愛全日照，不喜歡潮濕環境的植物，除非種在天氣涼爽的地區，否則，種在比較潮濕的土壤裡，一到了夏季就很容易枯萎。石牆、雅石庭園、山坡地等，日照時間為半天以上，環境比較乾燥的全日照場所，就很適合栽種不喜歡潮濕環境的植物。

全日照植栽

圖A

南側為開放空間，周圍沒有高聳建築物的全日照庭園，多年生草本植物健康成長的環境。為了將植株栽培長大，必須確認三年後的植株大小和株高，確實地作好植栽空間規劃。

乾燥全日照植栽

圖B

喜愛全日照，不喜歡高溫潮濕環境的緋苞木般多年生草本植物，種在石牆或雅石庭園等排水狀況良好的場所，植株就會長得很高大。

遮蔭至半遮蔭

面向北側道路的住宅用地日照實例。

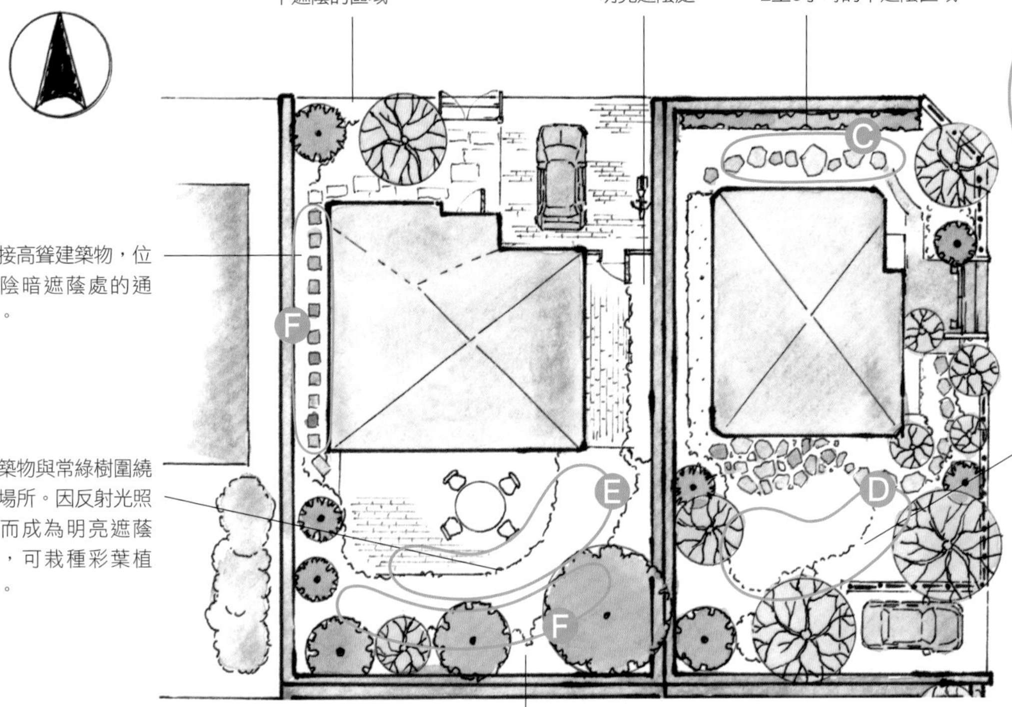
落葉喬木植株基部處於半遮蔭的區域。
有反射光照射的明亮遮蔭處。
光線由東側照射，日照時間為2至3小時的半遮蔭區域。
鄰接高聳建築物，位於陰暗遮蔭處的通道。
落葉喬木植株基部處於半遮蔭的區域。春末至秋季呈現遮蔭狀態，秋末至春季為全日照。
建築物與常綠樹圍繞的場所。因反射光照射而成為明亮遮蔭處，可栽種彩葉植物。
常綠樹植株基部處於陰暗遮蔭狀態的區域。

半遮蔭區域

半遮蔭

觀察一下住家周邊就會發現到，一般住宅區裡的任何一戶人家，都存在著一天的日照時間為2至3小時的場所，譬如說，只照射到朝陽的通道、空間有限小庭園等，而這些場所栽種的大部分多年生草本植物，全日照場所也可栽種，但種在半遮蔭環境時，可能出現生長速度變慢，反而更容易栽培的情形。

半遮蔭（落葉樹下）

春末至秋季期間處於遮蔭狀態，秋末至春季期間為全日照，日照條件會隨著季節而改變的區域。區域內廣泛栽種山茱萸或楓樹類等落葉樹。夏季期間樹葉遮擋了烈日，冬季落葉後能夠照射到溫暖陽光，因此成為日本山野中生長的多年生草本植物最喜愛的環境。最適合用於打造四季變化分明的庭園。

半遮蔭植栽

圖C

日照時間2至3小時的區域。適合半遮蔭環境栽種的多年生草本植物中，不乏可開出鮮豔花朵的種類，因此，也可用於打造充滿明亮氛圍的庭園。

落葉樹下的半遮蔭植栽

圖D

落葉樹下是最適合栽種荷青花、櫻草、花葱等日本山野中常見野草的環境。

遮蔭區域

明亮遮蔭

四面圍繞高聳建築物的場所、設置於北側的狹窄通道等，照射不到陽光的遮蔭環境，這是住宅密集建蓋的區域最常見的環境。簡稱為遮蔭處，事實上，適合栽種的多年生草本植物種類因為遮蔭程度而大不同。即便沒有直接照射到陽光，只要周邊建築物的牆壁為白色或米黃色等明亮顏色，植栽空間就會因為反射光而顯得很明亮。這類明亮遮蔭處就能栽培非洲鳳仙花等一年生草本植物，大大地拓展植栽範疇。

遮蔭

植栽環境越陰暗，適合栽種又會開花的植物越少，開花的數量與分量也變少。常綠樹的植株基部等，一年到頭都處於陰暗遮蔭狀態時，活用斑葉或葉色明亮的常綠樹，即可使潮濕陰暗印象大為改觀，變成一處充滿明亮舒爽氛圍的環境。

其次，遮蔭狀態下的植物生長速度較慢。進行土壤改良，促進排水，即可促使植物更確實地扎根，有效地彌補日照條件不佳的缺憾。

明亮遮蔭的植栽

圖E

四周圍繞著建築物，植物照不到陽光，但周圍建築物的牆壁為白色，因此確保了明亮度，珊瑚鐘等彩葉植物長出顏色漂亮的葉子。

陰暗遮蔭的植栽

圖F

植栽空間很有限，只有通道旁種著玉龍草等耐蔭性植物，就使陰暗掃興的遮蔭處，變身成綠意盎然的場所。

隨著季節而改變的日照時間
太陽高度與方位

太陽的高度、日出與日落的方向，都會隨著季節而出現左圖般變化。因此，夏季期間太陽一大早就升起，日落時間也比較晚，日照時間增長。相對地，一到了冬天，日出時間較晚，日落時間提早，日照時間縮短。

其次，夏季的太陽較高，陽光從正上方照射下來，因此，秋天至春天期間的遮蔭處，有些地方一到了夏天就曬得到太陽。由此可見，日照條件與照射到太陽的範圍都會因為季節而大不同。

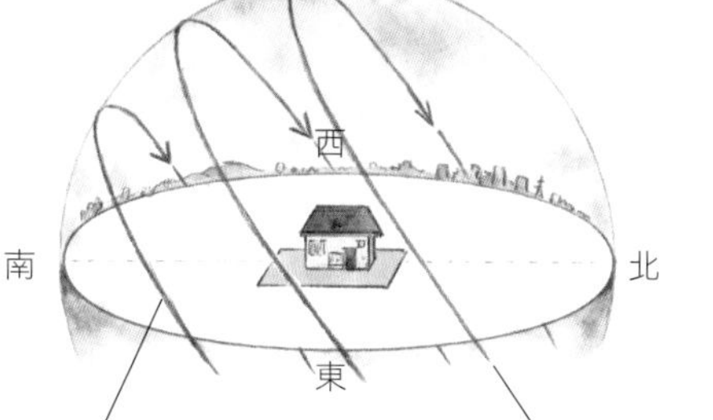

冬至的太陽運行軌跡　春分、秋分的太陽運行軌跡　夏至的太陽運行軌跡

多年生草本植物目錄的用法

解說多年生草本植物目錄的頁面構成與圖示的觀看法。

全日照
A
B
C
D
E
F
糙葉美人櫻
Verbena rigida
至 強 強
初夏至秋季 高 30至50 寬 30至50
花色為淺粉紅色至深淺紫色。品種稀少，但充滿自然氛圍，適合搭配任何植物。以地下莖繁殖，體質強健，不太需要照料也是魅力所在。適合種在花壇前段至中段。
J
制 株 種
G
H
I
K

A **名稱**

介紹普遍採用的植物名稱，一併記載常用別名。

B **學名**

記載屬名＋種小名及品種名。部分雜交種等無法特定種小名的植物，只記載屬名。

C **休眠期的植株狀態**

- 落葉種……地上部分枯萎，地下部過冬或越夏的種類。
- 半常綠種……簇生型等，冬芽或生長點出現在地面上的種類。
- 常綠種……不落葉的種類。

D **適合的土壤乾濕程度**

- 乾燥……排水性高，保水性低的土壤。
- 濕度適中……排水性佳，腐植質含量適度，又具有保水性的土壤。
- 潮濕……保水性較高的土壤。

E **耐寒性強弱（❄）**

強……即便氣溫下降至－10℃，採地植方式依然能過冬的種類。

普通……氣溫下降至－5℃時，採地植方式依然能過冬的種類。

弱……氣溫下降至0℃時，植株受損，但依然能過冬，下降至0℃以下就枯死的種類。

F **耐熱性強弱（☼）**

強……炎炎夏日（日間最高氣溫達30℃）也不受影響。

普通……能夠承受炎炎夏日。

弱……炎熱天氣持續太久，生長狀況就受影響。有些種類的植物甚至會枯死。

G **開花期（❀）**

開花時期。因地區或栽培環境而不同。

H **株高（高） 單位：cm**

植物高度。以成株的花莖高度為基準。

I **株寬（寬） 單位：cm**

以栽種後栽培三年左右的成株生長範圍為基準。

J **特徵＆栽培要點**

記載植物特徵、栽培管理訣竅與庭園方面的使用方法。

K **根區限制＆繁殖方法**

制……地下莖旺盛生長而必須根域限制的種類。

插……以插芽方式繁殖的種類。

株……以分株方式繁殖的種類。

種……以播種方式繁殖的種類。

以六個日照條件別詳盡介紹植物

分成全日照、乾燥全日照、半遮蔭、半遮蔭（落葉樹下）、明亮遮蔭、遮蔭六個部分，介紹適合於各種日照條件下栽培的植物，除可依據栽培環境搜尋植物外，還可找出適合一起栽種的植物。

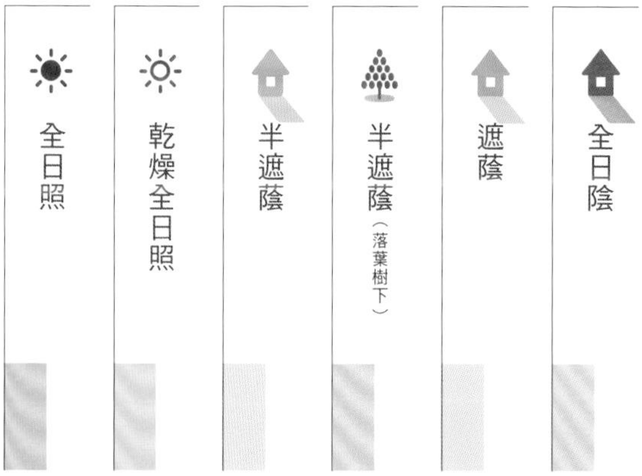

堆心菊、百子蓮、秋麒麟草（一枝黃花）競相爭豔的全日照花壇。小巧的紅色大理花為色彩鮮豔的多年生草本植物增添光彩。

全日照

日照時間為半天以上且濕度適中的場所

住家南側的開放空間等，植物都能健康生長的場所。大部分一年生草本植物或蔬菜類等都適合栽培。因為周邊的建築物與樹木等狀況，一天當中有短暫時間處於遮蔭狀態，日照時間以上午為主，下午照不到陽光，植物的生長狀態多少會改變，但因為光合作用所需陽光和雨水都充分供應，植物的生長速度比較快，季節變化也顯著。很適合打造成公園等設施，常見的草花花壇或帶狀花園等華麗植栽的區域。

心葉兩節薺

Crambe cordifolia

至 強 普 夏
高 100至150 寬 100

存在感十足的大型多年生草本植物，白色小花群集綻放。植株必須長大才會開花，建議種在比較寬闊的場所以便植株健康地成長。促進排水，讓根部深深地扎入土裡，容易招引菜青蟲類或小菜蛾等，需留意。 種

秋麒麟草（Fireworks）

Solidago rugosa ‘Fireworks’

至 強 強 夏末
高 60至100 寬 50至80

聚集著許多黃色小花而形成穗狀，花姿宛如美麗的煙火。開花後無法形成種子，不會雜草化。6月由地際修剪後再長枝條，小巧植株就會開花。地下莖蔓延生長，因此必須限制根域。不需要追肥。 制 插 株

堆心菊
Helenium

❄強 ☼強 ✿夏至秋
高 60至150 寬 30至60

日文別名団子菊。花朵繼續開放後，花瓣呈現深淺而更漂亮。體質強健，容易栽培，但植株不會過度蔓延生長。夏季開花品種摘除殘花後會再度開花。秋季開花品種於6月摘心，即可栽培成小巧植株。大量施肥時易徒長，需留意。 株

斑鳩菊屬植物
Vernonia noveboracensis

❄強 ☼強 ✿夏
高 100至200 寬 50至100

體質強健的大型多年生草本植物，鮮豔的紫紅色花令人印象深刻。種在寬闊場所而健康地成長，才能展現出與生俱來的美麗樣貌。修剪殘花後長出側芽，夏季期間就會再度開花。 插 株

Solidaster
Solidago × luteus

至 ❄強 ☼強 ✿夏
高 50至80 寬 30至60

成群似地綻放黃色小花，繼續開花後，花轉變成白色，觀賞期間長。不喜歡潮濕環境，喜歡陽光充足且通風良好的場所。植株混雜生長時，易因罹患灰黴病等而枯萎，因此必須進行分株。 插 株

賽靛花
Baptisia australis

❄強 ☼強 ✿初夏
高 100 寬 30至40

纖細的羽扇豆般紫花與生動草姿，充滿自然意趣。於寬闊場所形成群生狀態更精采。有別於黃花品種賽靛花，地下莖不會蔓延生長，可一直種在相同場所好幾年。 種

山桃草(白蝶草)
Gaura lindheimeri

至 ❄強 ☼強
✿初夏至秋 高 80至150 寬 60至100

名為山桃草。開花時，花姿優雅大方。花期長，植株一邊開花、一邊成長，經過多次縮剪以調整草姿。植株低矮小巧的品種也不少。

插 株 種

山防風（Veitch's Blue）
Echinops ritro 'Veitch's Blue'

至 強 強 初夏至夏
高 80至100 寬 40

小型品種。相較於基本種，植株較矮，花朵較小，花色深藍，鮮豔醒目。栽培方法如同基本種。排水不良時，易引發根腐病，需留意。

株

山防風（藍刺頭屬）
Echinops ritro

至 強 強 初夏至秋
高 80至150 寬 40至60

以個性十足的花姿與清新花色最富魅力。狀似牛蒡的粗壯根部直直地往地底深處生長。種在深耕而排水良好的場所。由於品種與栽培環境關係，秋天也會開花。採用盆栽方式時，適合種在大型深盆裡。亦可採用匍匐根繁殖。

株 種

麝香錦葵
Malva moschata

強 強 初夏至夏
高 30至60 寬 30至40

分枝後枝條頂端陸續開出花瓣宛如薄紙的花朵。花色有粉紅與白色。不耐潮濕，需促進排水與通風。花謝後修剪。不喜歡移植，老株需以實生方式更新。留意捲葉蟲。

種

錦葵（Sweet Sixteen）
Malva 'Sweet Sixteen'

強 強 初夏至秋
高 100至200 寬 80

半重瓣的粉紅色花，充滿柔美氛圍。花期長，可活用株高，種在花壇後方。植株一面開花一面長高，由花莖中途剪斷後長出側芽，就會再度開花。將植株剪短即可小型化。

插 種

藍錦葵（Blue Fountain）
Malva sylvestris 'Blue Fountain'

強 強 初夏至夏
高 50至80 寬 40至50

以同類中較罕見的藍紫色花色最富魅力。由花心朝著外側，花瓣顏色越來越淡。不耐悶熱，適合種在排水與通風良好的場所。不喜歡移植，因此，老株需以實生或插芽方式更新。留意捲葉蟲。

插 種

黑心金光菊
Rudbeckia fulgida var. *deamii*

至 強 強 夏

高 40至80 寬 30至50

金光菊的突變種。花瓣纖細優雅。花謝後留下綠色萼片也具觀賞價值。植株壽命長，不會迅速地蔓延生長。入秋後由植株基部剪短為宜。喜愛充足日照，但在排水狀況良好的地帶，半遮蔭也能健康地成長。 株 種

柳葉向日葵（Yellow Submarine）
Helianthus salicifolius 'Yellow Submarine'

強 強 秋

高 50至80 寬 30至60

夏季花卉的花期結束後，接棒似地緊接著綻放，草姿清新，大量開花，充滿分量感。栽種後不太需要移植，日照與排水狀況良好就健康地成長。植株混雜生長時，宜於花後或春季分株。 插 株

三裂葉金光菊（Takao）
Rudbeckia triloba 'Takao'

至 強 強 夏至秋

高 40至100 寬 30至60

花期長，花壽命也長。體質強健，容易栽培，任何場所皆可栽種。種子掉落後就能繁殖，因此必須疏苗以限制生長。六月左右進行修剪，即可降低開花位置。老株開花後易枯萎。 株 種

大金光菊
Rudbeckia maxima

至 強 強 夏

高 200至250 寬 50

以色澤白綠，形狀漂亮的大葉片為特徵。金光菊屬植物中花朵最大，焦茶色花心粗又長，植株高挑，遠看就很醒目。容易栽培，罹患病蟲害情形少見。大型植株，植栽場所需慎重考量。 株 種

金光菊（Green Wizard）
Rudbeckia occidentalis 'Green Wizard'

強 普 夏

高 60 寬 30

以綠色花瓣和長形焦茶色花蕊形成獨特色彩對比。成長速度稍微緩慢，不耐高溫潮濕，一到夏季，植株易弱化。花形素雅，需避免被其他植栽淹沒，亦適合採用盆栽方式。 株 種

紫菀屬植物（孔雀紫菀）

Aster

強　強　夏至秋

高 80至100　寬 50至80

統稱友禪菊的同類，由植株小巧如野菊，到植株高挑的高性種，花朵大小、花色、花形豐富多元。依場所與目的區分使用即可。遲開種於六月份由地際縮剪，邁入秋季後，小巧植株就開花。 插 株

美國紫菀（Andenken an Alma Pötschke）
A.novae-angliae 'Andenken an Alma Pötschke'

大花扶桑

Hibiscus moscheutos

至　強　強　夏至初秋

高 100至150　寬 80至100

開出比人臉還大的花朵，氣勢磅礡。空間足夠時，可栽培成庭園裡的象徵花。肥份不足時花朵變小，花數也減少，發芽後需追肥兩次左右。需留意捲葉蟲。

株

紅秋葵

Hibiscus coccineus

強　強　夏至秋

高 150至250　寬 100至200

大型多年生草本植物，種在寬闊場所就欣欣向榮地生長。除紅花與白花（圖）之外，還有與芙蓉的交配品種。秋末由地際修剪。需留意捲葉蟲和喜歡躲在地際莖部的大蝙蝠蛾等害蟲的幼蟲。 插 株 種

柳葉蓮生桂子花
Asclepias tuberosa

❄強 ☼強 ✿初夏
高 80 寬 30

形狀獨特的鮮橘紅色花，開在花壇中也很耀眼，花謝後結碩大紡錘形果實，成熟後迸出許多帶絹絲般毛絮狀種子隨風飄散。易招引蚜蟲。

株 種

釘頭果（唐棉）
Gomphocarpus physocarpus

至 ❄弱 ☼強 ✿夏・秋（果實）高 100至150 寬 40至60

結出直徑6至7cm的碩大果實，可處理成乾燥花後欣賞。開出小白花時也很可愛。不耐寒，適合春天播種的一年生草本植物。氣溫達0℃以上即可過冬。第二年的植株可長成茂盛的灌木狀。

種

大花六倍利
Lobelia × speciosa

至 ❄強 ☼強 ✿夏
高 30至80 寬 20至40

抽出長長花穗後，成為花壇或組合盆栽的重點裝飾。喜愛水分，但水溫升高，或水淤積又太肥沃狀態下，很容易引發根腐病，因此以促進排水較安全。

插 株 種

隨意草（虎角尾）
Physostegia virginiana

至 ❄強 ☼強 ✿夏至秋
高 60至100 寬 30至80

花朵整齊排列朝著四面八方綻放，自古廣為熟知的植物。體質強健，是妝點夏季庭園的寶貴素材。容易蔓延生長，因此，必須限制根域或疏苗拔除不必要的部分。中心部分不再旺盛生長時，必須挖出植株重新栽種。

制 株

賽菊芋
Heliopsis helianthoides

❄強 ☼強 ✿初夏至秋
高 80至150 寬 30至60

日文名菊芋擬，但以姬向日葵名義流通。體質強健，植株旺盛生長。單瓣類型種子落地就能繁殖，因此，必須透過疏苗等限制蔓延。重瓣品種植株矮小，開花期間長，使用更方便。 插 株

'華姬'
H. helianthoides var. *scabra* 'Hana-hime'

'Summer Night'
H. helianthoides var. *scabra* 'Summer Nights'

紫色毛蕊花
Verbascum phoeniceum 'Violetta'

❄強 ☼普 ✿初夏
高 60至100 寬 30至40

紫色毛蕊花的園藝品種，由花穗底下開始依序開出碩大華麗的薰衣草色花朵。庭園裡栽種幾株以形成群生狀態，開花後更是美不勝收。栽種時建議充分地運用纖細優雅的縱向線條。 種

東方毛蕊花
Verbascum chaixii

❄強 ☼普 ✿初夏
高 60至100 寬 30至40

植株小於大型種天鵝絨毛蕊花。長長的花穗不規則地開出小巧花朵，因觀賞期間長而吸引人。採用盆栽方式即可栽培成小巧植株。市面上還可買到花心為深色的園藝品種。 種

黃花咸豐草
Bidens ferulifolia

至 ❄普 ☼強 ✿秋
高 60至150 寬 60至150

秋末至冬初為花壇增添明亮色彩，除黃花外，還有白花與爪白覆輪品種，體質強健，任何場所都適合栽種。七月左右由地際修剪，長成小巧植株就開花又不易倒伏。地下莖易蔓延生長，需限制根域。 制 插 種

百子蓮
Agapanthus

至 至 強至弱 強
初夏至夏 高 30至150 寬 30至100

除常綠品種之外，還有一到了冬天就落葉的落葉品種。清新素雅、涼感十足的花，簡單俐落、強而有力的草姿。花色有深藍、白色與複色等，除單瓣品種之外，還有重瓣與斑葉等，種類豐富多元。體質強健，幾乎不需要費心栽培，但寒帶地區栽種較不耐寒的品種時，建議採用盆栽方式。市面流通的植株通常無品種名。適合以分株、實生方式繁殖。實生繁殖時，可能出現花色變化等個體差異。 株 種

葉寬2至3cm的闊葉種
自古廣為熟知的常綠品種。體質強健，寒冷地區栽種時，葉片易受寒害。葉片受損後，隔年就不開花。

葉寬1cm的細葉種
耐寒度達－2℃。溫暖地區栽種時，可於室外過冬。寒冷地區栽種以盆栽方式為宜。易蔓延生長，開花情形也良好。

白晃蘭
大型的斑葉品種。花色為藍紫色。無花季節可當作觀葉植物欣賞，耐寒度達－2℃。

白花品種
由開大朵花的大型種到小型種，花朵大小形形色色，耐寒性強弱不一，購買前最好先確認清楚。

Oriental Blue
花色為鮮豔的深藍紫色。花朵碩大，葉片寬。耐寒度達0℃左右，下霜地區以大盆栽培為宜。

Pluto veil
適合庭園栽種的落葉品種。深具耐寒性，即便日本北海道也能種在花壇裡，花管較短，開中型花。

雁金草（Snow Fairy）

Caryopteris divaricata 'Snow Fairy'

❄強 ☼強 ✿夏至初秋

高 60至100 寬 40至60

充滿清涼感的斑葉品種，全日照也不會出現葉燒現象，適合夏季花壇栽種的花草。夏季開出藍色花的品種長著白色葉子。體質強健，任何場所都能栽種，用途廣，無論全日照或遮蔭處都適合栽種。花謝後還可修剪掉花穗當作觀葉植物欣賞。

插 株

大紅香蜂草

Monarda didyma

❄強 ☼強 ✿初夏至夏

高 80至120 寬 40至60

紅、粉紅、紫與白，花色很豐富。易罹患白粉病的程度因品種而不同。花謝後結球狀種子，形狀獨特，也值得欣賞。地下莖大量生長又易蔓延，栽種後2至3年就必須分株。

制 插 株 種

白花

深紅色花

粉紅色花

醉仙翁（毛剪秋羅）

Lychnis coronaria

❄強 ☼普 ✿初夏

高 80至100 寬 40至60

葉片厚實，狀似白色毛氈，充滿柔美印象。分枝後陸續開花。不耐高溫潮濕與悶熱環境，必須種在日照、排水皆良好的場所。建議經常以分株或實生方式更新植株。

插 株 種

白蛇根草（Chocolate）

Ageratina altissima 'Chocolate'

❄強 ☼強 ✿夏（葉為春至秋） 高 60至80 寬 30至40

葉片似紅色紫蘇葉，可當作彩葉植物。搭配葉色亮綠的草花，更能襯托葉色。不喜歡高溫乾燥環境，建議植株基部栽種地被植物。

株

A 紫錐花（Pink Double Delight）
E. purpurea
'Pink Double Delight'

B 紫錐花（Milkshake）
E. purpurea 'Milkshake'

C 紫錐花（Purpurea）
E. purpurea

耀眼的鮮紅色花，直到花心都帶紅色。顏色充滿感官刺激，種在夏日花壇裡最具畫龍點睛效果的植物。

紫錐花

Echinacea

❄強 ☼強 ✿夏
高 40至100 寬 30至50

品種改良技術越來越進步，近年來人氣極速竄升的花。花色與花形都充滿著變化，花期也很長，持續地綻放出美麗的花朵。種在日照充足與排水良好的場所，幾乎不需要費心栽培。市面上廣泛流通的Purpurea園藝品種，除開花狀況良好、花期長、花莖不易倒伏外，草姿充滿著協調美感，是非常適合庭園裡栽種的品種。 株

Green Jewel *E. purpurea* 'Green Jewel'

Double Scoop Orangeberry
E. Double Scoop Orangeberry

Harvest Moon'
E. 'Harvest Moon'

Purpurea白花
E. purpurea 'Alba'

Tennesseensis *E. tennesseensis*
花瓣細窄，花瓣與花瓣之間有空隙，充滿自然纖細印象。

Paradoxa *E. paradoxa*
垂掛著細細花瓣的原生種。株高100cm，草姿纖細容易倒伏。

茴藿香

❄強 ☼強 ✿初夏至夏
高 60至100 寬 30至50

酷似日本藿香的品種，散發清新香氣，花期長。易分枝，充滿野趣的草姿，種在花壇後方當背景就充滿自然氛圍。種在遮蔭處時，植株更茂盛生長。 株 種

火炬花
Kniphofia

❄強 ☼強 ✿初夏至秋
高 60至100 寬 30至50

葉片細窄，花穗小，狹窄空間也適合栽種。開花期因品種而不同。耐乾燥，不耐潮濕，排水必須良好。寒冷地區栽種時，冬季確實作好防寒措施較安全。 株

珍珠蓍
Achillea ptarmica

至 ❄強 ☼強 ✿初夏至夏
高 30至150 寬 30至100

草姿纖細，枝條上開滿花徑1cm的小花。較廣泛採用的是The Pearl、Ballerina等重瓣品種。地下莖易蔓延生長，必須限制根域或疏苗。 制 插 株

紐西蘭麻
Phormium

❄普 ☼強 ✿全年（葉）
高 50至150 寬 50至150

欣賞葉片之美的觀葉植物。葉色、斑葉變化因品種而不同。全年都能欣賞，不需要費心照料，很適合以盆栽方式種在玄關等場所。出現枯葉時需修剪。寒冷地區宜採用盆栽方式。 株

假荊芥新風輪菜
Calamintha nepeta

至 ❄強 ☼強 ✿初夏至秋
高 30至60 寬 30至60

散發薄荷般清新香氣，花期非常長。草姿不雜亂，幾乎可放任不管。植株茂盛生長，因此，可配合空間適度地進行輕度修剪。植株太旺盛生長時，內部易悶熱，建議適度地分株。 插 株

金旋覆花
Inula hookeri

❄強 ☼普 ✿初夏
高 20至40 寬 30至50

歐亞旋覆花的同類，開出花徑達6至7cm的大朵花。以外面包覆著綿毛的花蕾最獨特，直到花瓣展開為止，形狀都很有趣。適合種在混合腐葉土又排水良好的土壤裡，莖部易倒伏，但倒伏狀態下開花，感覺也很自然。 株

奧勒岡
Origanum vulgare

🍃 💧至💧 ❄強 ☼強 ✿初夏至夏
高 30至80 寬 30至60

香草類植物之一，廣為烹調使用。枝頭上聚集著許多小花，除粉紅色與白色外，還有可開滿小花的品種。一年到頭都可欣賞斑葉。種在貧瘠的土壤，植株更茂盛生長，種在肥沃潮濕的土壤裡則易腐爛。 插 株

吊鐘柳（Husker Red）
Penstemon digitalis 'Husker Red'

🍃 💧至💧 ❄強 ☼強 ✿初夏
高 40至80 寬 30至40

因典雅葉色而顯得沉穩大方，與白花構成絕妙對比。體質強健，性質強，種在排水良好的場所，花謝後大幅度修剪。植株老化後易枯萎，建議每年秋季分株後重新栽種。 插 株

紅花吊鐘柳
Penstemon barbatus

🍃 💧至💧 ❄強 ☼強 ✿初夏
高 40至80 寬 30至40

由許多紅色筒狀花構成花穗狀，葉片常綠有光澤，可為乾枯蕭瑟的冬季庭園增添色彩。體質強健，排水良好就能承受高溫潮濕的環境。植株漸老後易腐爛，建議及早分株。 插 株

A Osprey *T.* 'Osprey'
BSweet Kate *T.* 'Sweet Kate'

紫露草屬植物
Tradescantia Andersoniana Group

🍃 💧至💧 ❄強 ☼強
✿春末至秋 高 30至80 寬 30至80

典型的紫露草屬植物，陰天時開花最漂亮，晴天時開花馬上就凋謝。花謝後由基部折斷莖部，植株基部就會再長新芽，長成更整齊漂亮的草姿。種子落地後就會繁殖，建議儘早摘除殘花。 株

濱菊
Leucanthemum × *superbum*

🍃 💧至💧 ❄強 ☼強 ✿初夏
高 40至100 寬 30至60

花朵狀似放大版瑪格麗特，除單瓣花外，還有開重瓣花與手毬狀花的品種。每年都維持茂盛生長的草姿。甚至有花謝後由長出大葉的位置修剪，就能二度開花的品種。 株

天藍繡球
P. paniculata

落葉植物。花由初夏一直開到秋季。株高60至100cm，株寬60cm。以花魁草名稱自古就廣為栽培。易罹患白粉病的程度因品種而不同。修剪殘花後長出側芽就會再度開花。

David　*P. paniculata* 'David'

Pink Lady
P. paniculata 'Pink Lady'

Little Laura
P. paniculata 'Candy Floss'

Little Laura
P. paniculata
'Little Laura'

天藍繡球屬植物（福祿考）

Phlox

至　至　❄強　☼強
❀春至秋　高 10至100　寬 20至60

包括春季開花的芝櫻，與夏季花壇主角Paniculata等人氣品種，種類多到只是栽種天藍繡球屬植物，庭園裡就花團錦簇，不間斷地開花。從直立生長的高性種，到匍匐生長的小型種，植株大小也不勝枚舉，建議配合用途挑選種類。直立性Paniculata、Carolina、Maculata等，可依據植株高度，由花壇前段往後段依序栽種。半遮蔭場所也適合栽種的Divaricata，可種在庭園樹木的植株基部。其次，匍匐生長的芝櫻適合種在石牆之間或當作地被植物。大部分種類適合種在日照充足與通風良好的場所。

插 株

carolina 'Bill Baker'
P. carolina 'Bill Baker'
半常綠植物。春季開花。株高40cm，株寬30cm。形狀姣好，枝條不會恣意生長，因此不占空間。體質強健，抗白粉病能力強，栽種後好幾年都不移植也沒關係。

芝櫻　*P. subulata*
常綠植物。春季開花。株高10cm，株寬40cm。可當作地被植物善加利用。植株混雜，枝條枯萎後，於秋季分株。

Stolonifera　*P. stolonifera*
常綠植物。春季開花。株高20cm，株寬40cm，日文別名蔓花忍。匍匐莖蔓延生長。半遮蔭環境也能健康成長，種在西曬的乾燥場所時植株易弱化。

Divaricata　*P. divaricata*
半常綠植物，散發芳香氣味，春季開花品種。株高30cm，株寬20cm。由根部長出不定芽後繁衍，半遮蔭環境也茂盛生長。不喜歡悶熱環境。

Pilosa　*P. pilosa*
半常綠植物。春季開花。株高40cm，株寬20cm，莖葉纖細而使花看起來更大朵。由根部長出不定芽後繁衍。不喜歡太肥沃潮濕的土壤。

Maculata　*P. maculata*
落葉植物。初夏至秋季開花。株高40至70cm，株寬30cm。莖葉纖細，花穗縱長。花色有粉紅、白、複色。悶熱環境需留意。圖為P. natascha。

麒麟菊
Liatris spicata

❄強 ☼強 ✿夏
高 60至120 寬 20至40

因生命力旺盛的草姿而成為花壇裡觀賞焦點。彙整栽種一大片，看起來更壯觀。經常被當成球根花卉，但環境太潮濕時，根部易腐爛。花色有紅紫色與白色。還有植株較矮的品種。 株 種

銀葉菊
Senecio cineraria

至 ❄強 ☼強 ✿全年（葉）
高 30至60 寬 30至50

一年到頭都能欣賞銀白葉色的觀葉植物。環境太潮濕時，易因下葉枯萎而影響植株外觀。由地際縮剪開過花或雜亂的枝條，植株基部再長新芽，即可重新栽培成漂亮植株。 插 株 種

紫莖澤蘭
Eupatorium coelestinum

❄強 ☼強 ✿夏末
高 40至60 寬 40至60

花朵酷似藿香薊，充滿清涼意象，是花較少的夏末時期開花的寶貴庭園植物。花色除藍紫色外，還有白色。體質強健，植株旺盛生長，地下莖生長蔓延成地毯狀。 插 株

A 斑葉花菖蒲。適合種在花壇裡，以白色斑紋的葉片最漂亮。

B 花菖蒲品種之一。有潮濕地帶的庭園也適合栽種。

花菖蒲
Iris ensata

至 ❄強 ☼強 ✿初夏
高 60至100 寬 30至40

日本自古栽培的花卉，可大致分成江戶系、伊勢系、肥厚系等系統。常被當作妝點水邊地帶的花卉，但不是水邊環境也可栽種。性喜潮濕但不會一年到頭泡在水裡的環境。栽培重點為陽光充足，避免乾燥。 株 種

射干
Iris domestica (*Belamcanda chinensis*)

❄強 ☼強 ✿夏
高 40至100 寬 30至40

葉片重疊狀似展開的扇子。庭園栽培以植株較矮的達磨射干為主，品種多，不乏莖葉反捲的品種。開一日花，果實也具觀賞價值。果莢裂開後露出黑色種子，短暫地留在果莢裡。 插 株 種

芍藥
Paeonia lactiflora

強 普 初夏

高 40至100 寬 30至80

華麗又充滿存在感，品種也多。混合堆肥與腐葉土後深耕栽種，幾年後，不需移植，就會確實地長出粗壯根部。每年於春季與秋季追肥。罹患灰黴病後花蕾枯萎，需留意。

株

蜀葵
Alcea rosea

強 強 初夏

高 100至200 寬 60

纖細修長的縱向線條，庭園裡最受矚目的植物。梅雨時期由花穗底下往上開花，梅雨季節結束後，花期也跟著結束。花色豐富，還有開重瓣花品種。環境太潮濕時易罹患根腐病。需留意捲葉蟲。

種

花冠大戟
Euphorbia corollata

至 強 強 夏

高 60至80 寬 30至40

開出模樣獨特，狀似滿天星的白色小花。大戟屬植物中耐高溫潮濕環境能力較強，可混植於花壇裡的植物。用土混入腐葉土等，促進排水後即可栽種。耐旱能力強。亦可採用匍匐根繁殖。

株

黃春菊
Anthemis punctata

強 普 初夏

高 60至80 寬 40至50

綻放小巧白色花朵狀似染料甘菊。花與葉都充滿自然氛圍，適合搭配任何植物，因此建議混植於花壇中。花期結束後由地際剪短。

插 株 種

貓薄荷（Nepeta）
Nepeta × faassenii

強 強 春末至夏初‧秋

高 30至60 寬 30至60

狀似薰衣草的花，略帶銀色的葉，清新脫俗的植物。花期長，植株強健，適合種在花壇四周。陸續開花後，底下部分易因植株倒伏而變醜，花謝後由地際修剪重新栽培即可恢復漂亮草姿。

插 株 種

剪秋羅

Lychnis flos-cuculi

❄強 ☼普 ✿春

高 20至50 寬 20至50

日文別名郭公仙翁。花瓣深裂，花色有粉紅與白色。剪秋羅（Jenny）（圖）為花壽命超群的重瓣品種。不耐悶熱，花謝後修剪，大株與老株則以分株、實生（單瓣基本種）方式更新。 插 株 種

西洋松蟲草

Scabiosa caucasica

至 ❄強 ☼普 ✿春

高 40至80 寬 30至40

別名高加索藍盆花。花朵大於日本松蟲，性質也強。花色有深藍色至淺藍色、白色。不耐悶熱，必須促進排水與通風。易罹患灰黴病，殘花與枯葉需及早摘除。 種

石生委陵菜

Potentilla rupestris

❄強 ☼強 ✿春

高 30至50 寬 30至50

直立生長的枝條上聚集綻放著白色小花。葉形酷似草莓葉，適合種在自然風庭園或花壇的邊緣。體質強健，花謝後修剪殘花即可，幾乎不需要維護整理。掉落的種子即可繁殖。 株 種

濱菊

Chrysanthemum nipponicum

❄強 ☼強 ✿秋

高 30至80 寬 30至80

具光澤感的綠葉與清新脫俗的白色小花，開在秋高氣爽的天空下而顯得更耀眼。莖部為灌木狀，葉片厚實，耐強烈陽光照射與乾燥。適合種在石牆等乾燥場所。放任生長易倒伏，花謝後需修剪。 插 株

足摺野路菊

Chrysanthemum japonense var.*ashizuriense*

至 ❄強 ☼強 ✿秋

高 20至40 寬 30至50

自生於足摺岬至佐田岬（註）一帶，以白色葉背為最大特徵。葉片小巧，植株較矮，開花時幾乎覆蓋了整個植株。種在較高的場所，長成垂枝狀後開花更是美不勝收。5月至6月摘心，即可栽培成小巧植株。 插 株

註：足摺岬——日本四國最南端的海角。
佐田岬——日本四國最北端的海角

糙葉美人櫻
Verbena rigida

至 強 強
初夏至秋 高 30至50 寬 30至50

花色由淺粉紅色至深淺紫色。品種較少，但感覺很自然，適合搭配任何植物。地下莖即可繁殖，體質強健，因不太需要費心維護整理而受歡迎。適合種在花壇前段至中段。

制 株 種

山矢車菊
Centaurea montana

至 強 普 春
高 30至40 寬 30至40

矢車菊般充滿野趣的花。草姿充滿協調美感，柔美色澤與質感的葉子也深具魅力。不耐悶熱，適合種在排水良好的高設花壇等場所。花色有藍紫色、白色、深紫色、複色。另有葉片為黃綠色的品種。

株 種

歐洲柏大戟
Euphorbia cyparissias

至 強 強 春
高 10至20 寬 20至30

草姿酷似迷你針葉樹，耐乾燥能力強，根部長出不定芽後蔓延生長。適合種在花壇邊緣、石組間、混合砂礫等乾燥場所的地被植物。不耐悶熱，必須確實作好排水措施。

株 種

美麗月見草
Oenothera speciosa

強 強 春至初夏
高 20至40 寬 30至50

枝頭上開滿碩大又亮麗的杯狀花。一朵花的壽命可維持3天左右，花期長，陸續開花。有粉紅色花與白花品種，由根部長出不定芽後繁衍，適合作為地被植物。亦可採用匍匐根繁殖。

插 株

黃岑
Scutellaria baicalensis

至 強 強 夏
高 30至50 寬 20至40

花數較多，花朵碩大充滿分量感，植株栽培長大後更經典。適合多株一起栽種。直根性粗根耐乾燥。黃色根可供藥用。適合種在高設花壇等排水良好的場所。

種

琉璃菊
Stokesia laevis

強 強 初夏
高 30至40 寬 30至40

以花瓣深裂的重瓣花的表情最豐富。分枝後大量開花，草姿也充滿協調美感。連殘花型狀都很有趣，值得好好欣賞。促進排水，避免太乾燥就能健康成長。

株

婆婆納屬
Veronica

至 ❄強 ☼強
✿春至秋 高 5至150 寬 20至60

草本威靈仙的同類，從匍匐生長的小型種，到植株高達150cm的高性種等多元品種。花色以藍紫色為主，另有白色、粉紅色等品種。花期約一季，但交配種修剪花莖後，會再度開花，搭配不同種類，即可由春季一直欣賞至秋季。花壇栽種時可依株高分類。一起栽種多株，看起來更壯觀。體質強健，常見病害蟲為蚜蟲。可能罹患白粉病，但很少見。

插 株 種

穗花婆婆納
V. spicata
落葉植物，初夏期間開花，株高50cm，株寬30cm。直立生長的枝頭上抽出5cm左右的花穗。花色有藍色、粉紅色、白色（圖）。

藍蝶六倍利
Chrysogonum virginianum

❄普 ☼普 ✿春至初夏
高 20至40 寬 20至30

種類非常多的六倍利中，直立生長後開花的野生種。清新脫俗的藍色花任何人看到都喜愛。植株長大後，一到了夏季，易因天氣太悶熱而弱化，因此建議分成小株，好讓植株安全地度過炎熱夏季。 株 種

紅花老鸛草
Geranium sanguineum

至 ❄強 ☼強 ✿春至初夏
高 10至30 寬 20至50

老鸛草屬植物中最容易栽培，植株旺盛生長後，栽培成地被植物狀態。適合種在陽光充足與排水良好的場所，用途廣泛，亦可種在庭園樹木的植株基部、花壇邊緣、石組之間等場所。花色有深玫瑰色、粉紅色、白色。 株

金星菊
Lobelia valida

❄強 ☼普 ✿春至夏
高 10至30 寬 30至50

茂盛生長後自然地長成渾圓草姿，適合當作地被植物。放任生長，一年到頭都能欣賞到油綠葉片的觀葉植物。配合場所與空間，適度地修剪，即可限制生長範圍。 插 種

斑葉魚腥草
Houttuynia cordata 'Chameleon'

至 ❄弱 ☼強 ✿初夏（葉為春至秋） 高 30至60 寬 60以上

色彩繽紛的漂亮葉片，庭園花木的植株底下或建築物的牆壁邊等，利用小小空間就能栽培。地下莖蔓延生長，需視狀況需要限制根域。日照越充足，紅色部分越鮮豔。

制 插 株

Longifolia交配種
V. longifolia Hybrid

別名九蓋草，落葉植物。夏季至秋季開花。株高80cm，株寬30cm，花色有藤紫色、白色、粉紅色。修剪殘花後再度開花。

Blue Fountain
V. austriaca subsp. *teucrium* 'Blue Fountain'

落葉植物，春季開花。株高30cm，株寬30cm。花為鮮豔的藍色，花莖上開著碩大的單朵花。幾乎不會罹患病蟲害。土壤太肥沃時，易徒長，需留意。

A 洞庭藍　*V. ornata*
半常綠植物。秋季開花，株高40cm，株寬40cm。以泛白的葉片與清新的藍紫色花構成的對比最富魅力。體質強健，耐暑熱能力強，也耐海風吹襲。

B Gentianoides
V. gentianoides
常綠植物。春季開花。株高40cm，株寬30cm。開花朵碩大的極淡雅藍色單朵花。相較於其他婆婆納品種，性喜乾燥，耐潮濕的能力較弱。

C Oxford Blue
V. umbrosa 'Georgia Blue'
常綠植物。春季開花。株高20cm，株寬40cm。種在花壇邊緣等，形成垂枝狀態更漂亮。需確實作好通風等維護管理工作。國外流通名稱為Georgia Blue。

Veronicastrum 'Fascination'
Veronicastrum virginicum 'Fascination'
落葉植物。初夏開花，株高150cm，株寬60cm。狀似九蓋草的長矛狀花穗分枝後開花。大型花，適合種在花壇後方。

海石竹
Armeria maritima

至 強 普 春
高 10至20 寬 10至20

狀似髮簪的圓球狀花，幾乎覆蓋了整個植株，春季期間妝點花壇的植物。很常見的花卉，有白花等好幾個品種與系統。植株長大後，內部易因悶熱而腐爛，必須於每年秋季進行分株，重新栽種。 株 種

加勒比飛蓬
Erigeron karvinskianus

至 普 強 幾乎全年
高 20至30 寬 20至50

開白色花後，漸漸地轉變成粉紅色花，整個植株開滿小菊花般可愛花朵。水泥地等小空隙也能生長。種子掉落後大量繁殖，必須透過修剪與疏苗調整生長。 插 株 種

鴨舌癀
Phyla nodiflora var. *canescens*

至 強 強 初夏至秋
高 5 寬 100以上

匍匐生長似地密布於地面，連柏油路上都茂密生長，最適合預防烈日反射。花色由稍微深一點的粉紅色至白色，花期長，成長速度快，必須修剪不必要的部分。 插 株

匍莖通泉草
Mazus miquelii

至 強 強 春
高 5至10 寬 30以上

地下莖蔓延繁殖，體質強健的野草。除花朵碩大的白花（圖）品種外，還有開紫色花的品種。任何場所都適合栽種，從全日照至遮蔭處都適合栽種，罹患病蟲害情形很罕見，也不需要維護整理。建議當作地被植物以防止雜草生長。 株

銀盃草
Nierembergia repens

強 強 初夏
高 5至10 寬 30以上

開花徑約3cm的杯狀花，花朵大於葉片而令人印象更深刻。地下莖生長蔓延成地毯狀。通道旁的小小空間就能健康地成長。但需避免周圍的植物太茂盛生長而覆蓋住。 株

山桃草（Lillipop Pink）

Gaura Lillipop Pink ='Redgapi'

❄強 ☼強 ✿初夏至秋

高 30至40 寬 30至40

山桃草的小型品種。矮性種而花莖不倒伏，花朵開在直立生長的枝頭上，因此很方便花壇混植各色花草時使用，亦可組合栽種構成盆栽。不喜歡悶熱，梅雨季節前將植株修剪成一半高度，邁入秋季後就會再度開花。

插 株

夏雪草（白耳菜草）

Cerastium tomentosum

至 ❄強 ☼強 ✿春

高 20至30 寬 30至60

植株上開滿白色小花而宛如地毯一般。適合種在花壇邊緣，或當作石牆等設施的地被植物。夏季期間太潮濕時易受損，花謝後修剪以增進植株基部日照或促進通風。老株可透過插芽方式更新。

插 株 種

輪葉金雞菊

Coreopsis verticillata

至 ❄強 ☼強 ✿初夏

高 30至60 寬 30至60

纖細葉片與素雅花型，狀似黃色波斯菊。石組的縫隙等狹窄空間也能生長。地下莖密生蔓延，枝葉茂密生長，但植株太雜亂時，內部易悶熱，必須進行修剪或分株。

株

朝霧草

Artemisia schmidtiana

❄強 ☼普 ✿春至秋（葉）

高 10至30 寬 10至30

閃耀著銀白色光芒的纖細葉片茂密地生長，成為花壇或栽培箱植栽的重點色彩。環境高溫潮濕而悶熱時，植株易弱化，必須促進排水與通風，梅雨季節前進行修剪或疏剪。

插 株

兼具美化環境&抑制雜草生長等效果的地被植物

地被植物一詞統稱覆蓋地面的植物，大多為常綠性，但事實上，廣泛涵蓋及多年生草本植物至灌木等植物。匍匐地面生長蔓延，植株低矮密生等，地被植物的型態也豐富多元。適合當作地被植物的多年生草本植物如鴨舌癀、筋骨草、小蔓長春花等，建議依據日照條件與設計上需要區分使用。

地被植物除適合種在花壇邊緣與通道旁外，也適合種在樹木底下，或填補大型多年生草本植物之間的空隙，廣泛用於布置庭園，美化景觀。

其次，栽種地被植物以覆蓋地面還可抑制雜草生長，種在山坡地又能防止風雨導致土壤流失。此外，地被植物還能緩和土壤溫度或乾濕驟變等情形，促進周圍植物的根部生長，及避免泥土飛濺與塵土飛揚等。

地被植物通常不太需要維護整理，但為了維持良好狀態，必須透過修剪以調整形狀，限制生長以免植株太茂盛。此外，不足部分還可補種等，栽培過程中可一面觀察生長狀況，一面維護整理。

Madrensis *S. madrensis*
半常綠植物。秋季開花。株高2m，株寬1m。植株長大才會開花，因此，必須種在較寬闊的場所。

墨西哥鼠尾草
S. mexicana 'Limelight'
常綠植物，秋季開花，株高1m，株寬60cm。黃綠色花萼與藍紫色花型成漂亮的對比。

櫻桃鼠尾草 *S.* × *jamensis*
常綠植物。初夏至秋季開花。株高70cm，株寬40cm，以櫻桃鼠尾草名稱流通。花色也很豐富。

長蕊鼠尾草 *S. patens*
別名龍膽鼠尾草。落葉植物。初夏開花。株高60cm，株寬30cm，不耐高溫潮濕。適合實生繁殖。

鳳梨鼠尾草
S. elegans 'Golden Delicious'
半常綠植物。秋季開花。株高1m，株寬1m。黃綠色葉將紅花襯托得更耀眼。搓揉葉片就會散發出甘甜香氣。寒冷地區無法於戶外過冬。

鼠尾草屬植物
Salvia

至 至 強至普 強至弱
初夏至秋 高 30至200 寬 20至100

鼠尾草屬植物。性質多樣，舉凡枝葉緊貼地面生長般狀態下過冬，初夏開花，耐寒性強的品種；四季常綠，耐寒性稍弱，但耐暑性強，夏季持續開花至秋季的品種；具常綠灌木特性，初夏持續開花至秋季的品種等，品種豐富多元。大多為植株容易長高的品種，因此，栽種時必須確認株高、開花期，思考該種在花壇的哪個位置，或適合組合栽種哪些植物。總之，體質強健，任何土質都可栽種，病蟲害也少見。部分品種適合實生繁殖。 插 株

深藍鼠尾草 *S. guaranitica*
半常綠植物，初夏至秋季開花。株高1m，株寬80cm。體質強健，植株易長高，必須適度地縮剪。

草地鼠尾草
S. pratensis 'Sweet Esmeralda'
半常綠植物。初夏開花。株高80cm，株寬40cm。開碩大單朵花，花穗很長，分量感十足。

B

C

A 玫瑰葉鼠尾草
S. involucrata 'Bethellii'
半常綠植物。秋季開花。株高1.5m、株寬1m。開玫瑰色垂枝花時更是風情萬種。

B 墨西哥鼠尾草
S. leucantha
半常綠植物。秋季開花，株高1.5m、株寬1m。以絲絨狀花萼最具特色。七月修剪，矮小植株就會開花。

C 鈷藍色鼠尾草
S. reptans
落葉植物，秋季開花。株高1m、株寬60cm。以鮮豔的鈷藍色花朵與小巧葉片最具特徵。

A

快樂鼠尾草
S. sclarea
半常綠植物。初夏開花。株高80cm，株寬40cm。長出模樣可愛的粉紅色花苞。二年生草本植物。適合實生繁殖。

烈燄紅唇鼠尾草
S. × jamensis 'Hot Lips'
常綠植物。初夏至秋季開花。以櫻桃鼠尾草名稱流通。開紅、白兩色，形狀酷似金魚的可愛花朵。

Superba 'Merleau'
S. × superba 'Merleau'
半常綠植物。初夏開花。株高40cm，株寬30cm。草姿規整，只需摘除殘花。

沼澤鼠尾草
S. uliginosa
半常綠植物。初夏至秋季開花。株高1.5m、株寬60cm。陸續開出水藍色花朵，需限制根域。

禾草類

禾本科與莎草科等植物之總稱，欣賞部位以草姿線條與姿態為主。植株大小、形狀、葉色變化豐富多元，包括會抽出纖細花穗與轉變成漂亮紅葉的種類。植株大多旺盛生長，建議挑選適合庭園栽種的種類。栽種後必須透過疏苗與分株控制大小。即便常綠樹種，早春時節由地際修剪老葉，促使長出新葉，才能確保美麗姿態。大多適合實生繁殖。

株 種

風知草　*Hakonechloa macra*
落葉植物。株高30cm，株寬40cm。除斑葉外，還有黃金葉或葉尾為紅色的品種。喜歡生長於水分較多的山坡地，平地必須確實促進排水。

粉黛亂子草
Muhlenbergia capillaris
落葉植物。株高50cm，株寬30cm。秋天抽穗後最具魅力。草姿纖細，也容易組合栽種。必須促進排水與通風，避免徒長。

芒穎大麥草
Hordeum jubatum
半常綠植物。株高40cm，株寬20cm。別名松鼠尾草。初夏抽穗後照射陽光而顯得金光閃閃。壽命不長，可視為二年生草本植物。適合實生繁殖。

金絲薹
Carex oshimensis 'Evergold'
常綠植物。株高20cm，株寬30cm。幾乎一年到頭都維持著相同草姿，適合組合栽種或種在石組之間等，用途廣泛，全日照至遮蔭處都適合栽培。

羽絨狼尾草（銀狐）
Pennisetum villosum

半常綠植物。株高60cm，株寬60cm。夏季至秋季期間陸續抽出白色絨毛狀花穗。體質強健，任何場所都適合栽種。寒冷地區栽種必須確實作好防寒措施。

柳枝稷（Chocolata）
Panicum virgatum 'Chocolata'

落葉植物。株高80cm，株寬40cm。莖部直立生長，巧克力色葉片入秋後顏色加深。初夏抽出紅褐色花穗，宛如細霧般美麗夢幻。

小盼草
Chasmanthium latifolium

落葉植物。株高80cm，株寬50cm。秋季結實累累而成垂枝狀，隨風搖曳姿態風情萬種。種子掉落後就會繁殖，需留意。

棕葉薹草
Carex comans bronze-leaved

常綠植物。株高40cm，株寬40cm。以細絲狀茶色葉最優雅。葉色質樸，最適合依葉色組合栽種。喜歡全日照環境。

細莖針茅（Angel Hair）
Stipa tenuissima

常綠植物。株高50cm，株寬40cm。別名馬尾草。初夏欣賞漂亮花穗後，連同老葉一起修剪。適合以分株或實生方式更新植株。

髮草
Deschampsia cespitosa

落葉植物。株高40cm，株寬30cm。小型種於夏季抽出小巧花穗。適合雅石庭園或高設花壇等排水良好的場所栽種。

紫葉狼尾草
Pennisetum setaceum 'Rubrum'

常綠植物。株高80cm，株寬60cm。紫紅色葉與花穗於萬綠叢中顯得格外耀眼。陽光越充足，葉色越耀眼。0℃以上即可過冬。

銀邊芒
Miscanthus sinensis f. *gracillimus*

落葉植物。株高150cm，株寬80cm。枝葉纖細，植株直立生長，因此，狹小空間就能栽種。6、7月間由地際修剪即可維持小巧草株。還有斑葉品種。

乾燥全日照

日照時間為半天以上的高設花壇、屋簷下、易乾燥的花壇

臺地或山坡地等雨後馬上就乾掉的場所、沙地或夾雜沙礫等缺乏保水性的場所、屋簷下、遮陽棚下等無法充分地淋到雨水的場所等，這些場所就很適合栽種不耐高溫潮濕的植物，尤其是原產於地中海型氣候地區的植物（需要日照，耐高溫與乾燥，但梅雨季節陰雨連綿或長期太潮濕時，易長成軟弱植株，易罹患根腐病的種類）。找不到這種環境時，可種在高設花壇，或促進排水以避免植株基部太潮濕的場所，促使根部往下生長。

水仙百合（Orange Ace）

Alstroemeria 'Orange Ace'

至 強 普 初夏
高 80至150 寬 40至100

鮮豔的橘色與獨特的花型最令人印象深刻。原種體質特別強健，花期也比較長。地下莖往下生長蔓延，因此必須深耕或促進排水。需拔除太細的枝條，避免植株雜亂生長。株

女孃花

Centranthus ruber

至 強 強 初夏
高 40至80 寬 30至60

日本別名紅鹿子草。花色有紅、粉紅、白色。體質強健，乾燥貧瘠的地方也能生長，但需避免太悶熱。種在缺乏日照或太潮濕肥沃的環境時易徒長，植株易倒伏。花謝後由地際修剪，即可栽培成端正草姿。 插 種

俄羅斯鼠尾草

Perovskia atriplicifolia

至 強 強 初夏至秋
高 60至150 寬 30至100

散發鼠尾草特有清新香氣，整個植株呈白色，充滿清涼意象，抽出許多細長形花穗，植株高挑，枝條茂密生長，適合種在花壇後方。適合栽培成灌木狀，但草姿易雜亂，冬季期間修剪即可。 插

Blackbird
E. Blackbird ='Nothowlee'
常綠植物。株高約60cm。莖葉顏色帶黑色，花心也是黑色。體質比較強健的植物。

大戟屬植物

Euphorbia

、 ❄強 ☼強
春至初夏 高 10至100 寬 30至50

耐高溫潮濕能力較弱，以排水良好的全日照乾燥場所與山坡地栽種為宜。種於小花盆，不淋雨，可長年欣賞。以色彩變化、長久存在的碩大花苞最富魅力。開花期為春季至初夏，期間植株茂密生長。老枝必須由地際修剪。可透過插芽更新，插芽時必須將流出乳汁的切口清洗乾淨。手沾到乳汁時可能引發過敏症狀，需留意。 插 種

驢尾大戟 *E. myrsinites*
四季常綠的春季開花品種。葉為灰綠色。枝條橫向生長。可種在石牆旁等讓植株垂掛於設施上，或採用盆植方式。

Silver Swan（White Swan）
E. characias subsp. *characias*
Silver Swan = 'Wilcott'
常綠植物。株高約50cm。綠葉上的白色斑紋最漂亮。避免淋雨，夏季移往乾燥場所維護管理為宜。

金黃大戟 *E. polychroma*
落葉植物。株高約30cm。花苞與周圍的葉片為黃色。不會因為些許雨水就損傷。

扁桃葉大戟（Purpurea）
E. amygdaloides 'Purpurea'
常綠植物。株高約50cm。以紫紅色葉片最具特徵。適合擺在不會淋到雨的面南屋簷下等場所。

常綠大戟 *E. characias*
自生於地中海沿岸等地區的大型野生種大戟。四季常綠，株高約70cm。花苞為黃綠色。

A 淺紫色的單色花。
B 株高20cm左右的小型種。
C 粉紅色與深紅色花瓣，外型華麗的複色花。

德國鳶尾花

Iris germanica Hybrid

❄強 ☼強 ✿初夏

高 10至150 寬 20至50

色彩多到被譽為彩虹花，華麗的冠狀花使花壇顯得格外熱鬧。廣泛涵蓋大型種至小型種。耐乾燥能力強，但太肥沃潮濕易罹患根腐病。土壤均勻混入石灰後淺植，讓根莖長出地面即可改善。 株

紅花松蟲草

Knautia macedonica

至 ❄強 ☼普 ✿初夏至秋

高 50至60 寬 30至40

分枝後細長花莖頂端開出一朵花，種在其他植物之間作為點綴效果更好。初夏開花，花朵陸續綻放至秋季。體質強健，罹患病蟲害情形很少見。

插 種

臭聖誕玫瑰

Helleborus foetidus

❄普 ☼普 ✿冬至春

高 50 寬 30

聖誕玫瑰的同類，具直立生長特性。多花性且植株高挑，易於組合搭配其他草花。還有整個植株都是黃色的品種（Gold Bullion）。植株壽命僅短短的3年左右，因此，需事先透過實生方式更新。 種

Gold Bullion　H. *foetidus* 'Gold Bullion'

銀葉情人菊
Euryops pectinatus

至 普 強 冬至春
高 20至150 寬 20至60

酷似黃色瑪格麗特的花，可為冬季增添色彩。栽培成灌木狀，可自由地修剪大小與形狀。品種有單瓣花的Yellow Joy，與重瓣花的Tiara Miki。除寒冷地區外，很容易栽培的植物。 插

羊耳石蠶
Stachys byzantina

強 強 初夏
高 60 寬 60

以布滿絨毛的碩大白色葉片與枝條最具魅力。花蕾也很可愛。開花後及早修剪花莖就會茂密地生長。耐悶熱能力弱，適合種在山坡地、高設花壇、混入砂礫的庭園通道等排水良好的場所。 株

肥皂草
Saponaria officinalis

至 強 強 初夏至夏
高 40至100 寬 30至60

別名石鹼花、石鹼草，搓揉葉片就會產生泡沫。花色有粉紅色與白色。重瓣花更具分量感。花謝後縮剪花莖，長出側芽後陸續開花。地下莖易蔓延生長，需限制根域。

制 插 株

北非旋花
Convolvulus sabatius

至 強 強 春至初夏
高 30 寬 60至80

藤蔓狀枝條生長後，由葉腋開出花徑2至3cm的花。花期長，春季持續開花至初夏。適合種在石牆或高設花壇旁等排水良好的場所，讓枝條垂掛而下，開花時漂亮得宛如瀑布一般。 插

岩薔薇(岩玫瑰)
Helianthemum nummularium

強 普 春
高 20至30 寬 30至40

交配種非常多，花色豐富多元，甚至有重瓣品種。耐高溫潮濕能力較弱，適合種在雅石庭園或以盆栽方式栽種。需使用以輕石為主體，排水良好的用土，植株避免淋雨。一日花，但陸續開花。壽命較短的植物。 插 株

Oguro

多年生草本滿天星
Gypsophila paniculata

強 強 初夏
高 60至80 寬 60至80

感覺輕盈奔放的花，是襯托其他花卉的重要素材。混植其他花卉，即可使整個花壇充滿柔美印象。花謝後，花莖基部保留數節，修剪後長出側芽，就會繼續開花，可欣賞至秋天。 插

Blue Sunrise

老鸛草屬植物

Geranium

至　至　強　強至普

春至秋　高 10至80　寬 30至70

楓葉般纖細葉片茂盛生長，整個植株開滿小巧花朵。初夏期間綻放藍色花，是妝點英式庭園的最主要植物。由大型種到小型種，從直立生長到匍匐地面，種類包羅萬象。除適合花壇與雅石庭園栽種之外，還可種在玫瑰花的植株基部，或沿著通道兩旁等場所栽種，更廣泛地利用。溫暖地區不易栽培的品種也不少，重點是必須選種容易栽培的品種。 株

Johnson's Blue
G. 'Johnson's Blue'
落葉植物。春季開花。株高40cm，株寬40cm。開鮮豔的藍色花，體質強健，容易栽培的人氣品種。

Maculatum 'Espresso'
G. maculatum 'Espresso'
落葉植物。春季開花。株高50cm，株寬50cm。葉為典雅的紫紅色。體質強健，種在半遮蔭環境也能健康生長。

Summer Skies
G. Summer Skies ='Gernic'
落葉植物。初夏開花。株高50cm，株寬50cm。重瓣品種，溫度、濕度稍微高一點就受不了。需及早摘除殘花。

Stephanie

Stephanie
G. 'Stephanie'
常綠植物。春季開花。株高30cm，株寬30cm。高雅漂亮的品種，但不喜歡高溫潮濕的環境。

Bob's Blunder
G. 'Bob's Blunder'
常綠植物。夏季開花。株高10cm，株寬40cm。葉片為巧克力色的小型種。性喜排水良好的場所。

Magnificum
G. × *magnificum*
半常綠植物。初夏開花。株高60cm，株寬50cm。花徑5cm的大花品種，花色也深濃。體質強健，容易栽培。

Oxonianum 'Hollywood'
G. × *oxonianum* 'Hollywood'
半常綠植物。初夏開花。株高30cm，株寬30cm。以纖細柔弱草姿最迷人。耐高溫潮濕能力稍弱。

Rozanne
G. Rozanne = 'Gerwat'
半常綠植物。初夏至秋季開花。株高30cm，株寬50cm。白色花心令人印象深刻。花期長，耐暑熱。

Blue Sunrise
G. Blue Sunrise = 'Blogold'
落葉植物。初夏開花。株高50cm，株寬50cm。葉為明亮黃綠色，無花時期最具觀賞價值的植物。

Dalmaticum
G. dalmaticum
常綠植物。初夏開花。株高20cm，株寬30cm。耐乾燥能力強的小型種。葉留到秋冬季節就轉變成紅葉。

欣賞葉片個性的老鸛草植栽。圖中下至上分別為Hocus Pocus・Blue Sunrise・Sanguineum striatum。

都薺
Aethionema grandiflorum

強 普 春
高 10 寬 10至20

以山野草名義流通。一到了春天，枝頭上開出小巧十字形花，聚集成球狀。細小葉片略帶藍色。壽命較短的植物。適合種在高設花壇裡，採盆栽方式時，需使用以輕石等為主體，適合栽培山野草的用土。 插 株 種

披針葉芫荽菊
Cotula hispida

強 普 春
高 20 寬 20

日文別名姬朝霧草，一年到頭都能欣賞白色棉毛狀葉。春天悄悄地抽出纖細花莖，黃色球狀花綻放時姿態最可愛。不耐高溫潮濕，葉子因悶熱而不美觀時，最好於秋季分株。 插 株

銀斑百里香
Thymus quinquecostatus

至 強 強 初夏
高 10 寬 50

適合作為石牆縫隙、山坡地、容易乾燥的通道等場所的地被植物。植株蔓延生長成地毯狀，初夏開出一大片粉紅色花。其他匍匐性生長的百里香也適合以相同方法栽培。 插 株

岩生水芹
Aubrieta Hybrid

強 普 春
高 10至20 寬 10至20

紫花薺同類，綿延生長成地毯狀，開最具十字花科特色的十字花。不喜歡潮濕，適合雅石庭園或花槽庭園等設施栽種。花色有紫色、粉紅色。除單瓣花品種外，還有重瓣品種。 插 株

Erodium（漢紅魚腥草）
Erodium × variabile

至 強 強 春至秋
高 10 寬 30

花徑2cm左右的小花，由春季一直開到秋季。園藝品種就有許多種類，也有重瓣種。花色有深淺粉紅色與白色。不喜歡潮濕環境，適合種在雅石庭園與栽培箱。寒冷地區必須作好防寒措施。 插 株

常夏石竹（地被石竹）
Dianthus plumarius

強 強 春
高 10至30 寬 30

常夏石竹（羽裂石竹）的同類，綿延生長成地毯狀，植株全面開出可愛花朵。花色為深淺粉紅色，還有重瓣品種。夏季天氣太悶熱時，老株易腐爛，適合以插芽方式更新。 插 株 種

松葉佛甲草
Sedum mexicanum

至 普 強 春
高 10 寬 50

佛甲草屬多肉植物。春季期間整個植株開滿亮麗黃色花而引人入勝。幾乎沒有土壤的地方也能栽種，適合當作地被植物，種在通道旁或踏石之間等。寒冷地區難以度過寒冬。 插 株

費菜
Sedum aizoon

至 強 強 初夏
高 10至20 寬 20至30

細葉類型的費菜。初夏期間開花，枝條上開滿黃色小花，幾乎淹沒整個植株。開花後枝條枯萎，植株基部再發芽。適合種在混合砂礫的庭園通道或高設花壇等設施，體質強健，罹患病蟲害情形少見。 插 株

白蜀葵
Iberis sempervirens

至 強 強 春
高 20 寬 30至40

日文別名常盤薺。常綠植物，葉色四季深綠，春天開出雪白花朵。另有黃金葉白花的變種。體質強健，容易栽培，植株壽命長。小巧植株茂盛生長，方便種在雅石庭園或組合植栽。 插 株

短命多年生 草本植物

不耐日本夏季高溫潮濕氣候的族群。少下雨可長年生長，但種在日本關東以西氣候較溫暖的地區時，開花後植株易疲乏，長成老株後，一到夏季易腐爛，因此壽命很短。氣候較涼爽地區是大部分多年生草本植物的大本營。幼小植株容易度過夏季，因此，適合於每年初夏播種進行更新。秋季購買幼苗後栽種，到了春天植株就長得很有分量。春季開始的生長期，植株基部處於遮蔭狀態下，生長狀況更好。

毛地黃

Digitalis purpurea

❄強 ☼普至弱 ✿初夏

高 100 寬 50

因華麗花穗與修長草姿而存在感十足。多年生草本植物庭園不可或缺的植物。品種多，粉紅色、紫色、白色等，花色也很豐富。植株高挑，但不易倒伏，不需要設立支柱。寒冷地區必須栽培好幾年才會開花。 種

Lysimachia atropurpurea 'Beaujolais'

Lysimachia atropurpurea 'Beaujolais'

❄強 ☼普至弱 ✿初夏

高 60 寬 20至30

酒紅色花穗與閃耀白色光澤的葉片形成漂亮對比。色澤典雅，適合搭配明亮花色與葉色的植物。秋季栽種幼苗，栽培至春季，植株長大後花數增加，開花後氣勢磅礡。 種

Digitalis・mertonensis

Digitalis × mertonensis

❄強 ☼普至弱 ✿初夏

高 70 寬 30

相較於purpurea，植株較矮，葉片較小，因此花朵存在感十足。特徵為深粉紅色花偏向花莖的其中一側。溫暖地區適合種在排水良好的雅石庭園或以盆栽方式栽種。 種

黑花美女撫子

Dianthus barbatus Nigrescens Group

❄強 ☼弱 ✿初夏

高 40至60 寬 30

因黝黑的花朵與莖葉而充滿成熟嫵媚韻味。開花後枝條枯萎，發現後置之不理，枯萎範圍就會蔓延擴大，因此，最好於開花前就分株取得植株基部的小側芽，或事先以插芽方式栽培新苗。 插 種

扁葉刺芹（小紫薊）

Eryngium planum

至 ❄強 ☼普 ✿初夏

高 80至100 寬 30至40

狀似薊屬植物，大量開出直徑1至2cm藍色頭狀花，以整體上閃耀著金屬光澤的獨特姿態最富魅力。可處理成乾燥花後欣賞。根部宛如牛蒡般又粗又長，適合種在深耕且排水良好的場所。 種

桃葉風鈴草

Campanula persicifolia

❄強 ☼普 ✿初夏

高 80 寬 30

修長枝條上陸續橫向或向上開出鐘形花。花色有藍紫色、白色，也有重瓣品種。充滿清涼感的花，容易搭配其他草花。事先分成小株，更容易度過炎熱夏季。 株

長萼瞿麥

Dianthus superbus var. *longicalycinus*

❄強 ☼普 ✿春末至秋

高 40至60 寬 30

秋季七草之一。因花瓣尾端呈現細細葉裂狀態的花朵，與充滿柔弱嬌貴模樣的草姿而深受日本人喜愛。野生種於初夏開花，園藝品種花期長，體質強健，但老株易枯萎。避免土壤太肥沃潮濕，就能延長植株的壽命。 插 種

蜀葵 'Little Princess'

Sidalcea 'Little Princess'

❄強 ☼普 ✿初夏

高 80 寬 30

蜀葵種類中開花狀況絕佳的品種，柔美的淺粉紅色花，看到的人都喜愛。涼爽地區栽種時，花期相當長，溫暖地區栽種時，植株長大後，一到夏季就枯萎，因此必須事先分株更新。需留意捲葉蟲。 株

翠雀屬植物
Delphinium

❄強 ☼普 ✿初夏
高 80至150 寬 30至40

主要流通品系為Elatum系，與呈現細緻葉裂的Grandiflorum系。Elatum系有開重瓣花，花朵密集綻放的Pacific Giant，與開單瓣花Belladonna等品種。溫暖地區栽種不易度過夏季。 種

西洋耬斗菜
Aquilegia vulgaris

❄強 ☼普 ✿春末
高 30至100 寬 20至40

品種豐富多元，花色與株高各不相同，還有重瓣與無距品種。種子掉落即可繁殖，但與親株無法開出同樣的花朵。一起栽種多株，開花時更壯觀。 種

其他短命多年生草本植物

桂竹香
荷包花
金蓮花
比利牛斯老鸛草
矮性種毛地黃
黑葉三色堇
香雪球
星辰花
千日紅
灰葉藸
洋桔梗
花煙草
馬鞭草屬植物
花菱草（金英花）
美國石竹
雛菊（Daisy）
矮牽牛
蠟菊屬植物
亞麻屬（藍亞麻）

B

吊鐘柳屬植物
Penstemon

至 ❄強 ☼普 ✿初夏
高 30至70 寬 30

園藝品種大量上市，除部分品種外，花謝後易枯萎。早春時節以不開花的小芽進行插芽，促使度過炎夏即可。採用盆栽方式，栽培期間土壤感覺比較乾燥，開花植株就能順利地度過炎炎夏日。 插

A

A Electric Blue
P. heterophyllus 'Electric Blue'
B Flamingo *P.* 'Flamingo'

紫花柳穿魚草
Linaria purpurea

至　❄強　☼普　✿初夏
高 60至100　寬 30

草姿纖細修長，開穗狀花，花朵宛如金魚草花。花色有紫色、粉紅色、白色。冬季期間可欣賞到灰藍色葉。花謝後由花莖中途修剪，長出細枝後再度開花。掉落的種子即可繁殖。 種

毛地黃屬與翠雀屬植物競相綻放的庭園。花壇前段以銀葉毛剪秋羅與藍薊屬等植物的花朵增添色彩。

綻放明亮水藍色花，姿態優美的大飛燕草（Belladonna）。

魯冰花
Lupinus

至　❄強　☼普　✿初夏
高 60至100　寬 40至50

宛如倒掛的紫藤花，華麗無比的花卉。庭園栽培品種以Russell系為主。花色豐富多元。未開花植株可度過炎夏，開花植株花謝後易枯萎。種在乾燥場所時，掉落的種子即可繁殖。 種

半遮蔭

日照時間半天以內，
約2至3小時且濕度適中的
場所。

一年到頭都一樣，一天當中可確保的日照時間幾乎都差不多的場所，例如：住宅密集、被圍牆或圍籬遮擋、庭園空間有限的場所等。大部分植物都可栽種，但可能因生長範圍受限而開花數量減少。植物種在半遮蔭場所時，生長速度比較緩慢，因此，將全日照栽培時長得太高大的植物，種在這類場所就能栽培成小巧樹型。必須促進排水與通風，以避免徒長。亦可組合栽種遮蔭植物。

紫葉黃花珍珠菜

Lysimachia ciliata 'Firecracker'

至 強 強
初夏 高 80至100 寬 80至100

以春天抽出的紫紅色新芽最美麗。開花後，葉片略微褪色，但與黃色花卻充滿著協調美感。植株旺盛生長，地下莖蔓延而擴大生長範圍，因此，事先限制根域為宜。

制 插 株

三葉雪草

Gillenia trifoliata

強 強 初夏
高 60至80 寬 40至50

細瓣白花群集綻放時姿態最迷人。莖部直立生長，分枝後枝頭上開花，建議將植株栽培長大後好好地欣賞。栽種5至6年不移植也無妨。土壤太硬時，挖鬆周圍，進行土壤改良後重新栽種。

株 種

Oguro

Oguro

光千屈菜

Lythrum anceps

至 強 強 初夏至秋
高 80至100 寬 30至40

品種廣泛涵蓋6月開花的早生種，與9月開花的晚生種。花色有紅紫色、粉紅色。種在潮濕場所就健康地生長，種在水中也能生長。可大致分成以地下莖蔓延繁殖品種，與植株慢慢地長大的品種。地下莖蔓延生長的品種必須限制根域。

制 插 株

A Rose Star　*A.* 'Rose Star'
B Ideal　*A. cordifolius* 'Ideal'

孔雀菊
Aster

❄強　☼強　✿秋
高 80至100　寬 60至80

聚集著許多小花的穗狀花迎風招展時更是風情萬種。植株慢慢地長大，因此庭園栽種採用也很方便。花色有紫色、粉紅色、白色、藍紫色。6月由地際修剪，栽培成小巧植株更不容易倒伏。 插 株

澤蘭
Eupatorium japonicum

❄強　☼強　✿秋
高 100至150　寬 50至60

搭配芒草、黃花龍芽草等秋季草類植物更具觀賞價值。葉子乾燥後散發出櫻餅般香氣。植株長高至20cm左右後摘心，就能栽培成小巧植株。另有花色較深品種與斑葉品種。 制 插 株

假升麻
Aruncus dioicus

❄強　☼強　✿初夏
高 100　寬 60

宛如放大版泡盛草的花，盛開時的蓬鬆柔美姿態最富魅力。植株高挑，種在帶狀花壇後方也存在感十足。但花期較短，只能維持數日。開花時易倒伏，需設立支柱。殘花會轉變成茶色，建議及早修剪。 株

紅蓼
Persicaria amplexicaulis

❄強　☼強　✿初夏至秋末
高 100　寬 50至60

陸續抽出挺直修長的紅色花穗，充滿野趣的植物。枝頭上掛著殘花時也充滿自然氛圍。體質強健，花期長。植株高挑，適合種在花壇後方欣賞。開粉紅色花與花穗粗壯的園藝品種也在市面上流通。 株

小頭蓼（Silver Dragon）
Persicaria microcephala 'Silver Dragon'

❄強　☼強　✿秋
高 30至60　寬 30至60

灰綠色底，表面有泛白V形紋路的葉片，與紅色枝條形成漂亮的色彩對比。種在陰暗場所時，葉色與紋路比較不明顯。體質強健，幾乎不會罹患病蟲害。秋季開出蓼科植物特有的小白花。 插 株

泡盛草
Astilbe

❄強 ☼強 ✿春末至初夏
高 30至80 寬 30至50

梅雨季節開花，不會因為淋雨而受損。缺水就不開花，因此，長出花蕾時應避免缺水。植株大小、花期早晚因品種而不同，花穗形狀也富於變化。植株基部應避免直接照射陽光。 株

Oguro

龜頭花
Chelone lyonii

❄強 ☼強 ✿夏
高 80 寬 40

由花朵上方俯瞰時最特別，金魚形狀的花朵整齊排列成十字形。花色有粉紅色與白色。缺水時下葉枯萎就不漂亮。植株基部進行覆蓋等，形成遮蔭狀態就會健康地生長。

制 插 株

Oguro

花荵屬植物（花荵）
Polemonium

❄強 ☼普 ✿春
高 30至80 寬 30至50

園藝品種廣泛流通。花色有深淺紫色與白色。呈現纖細葉裂狀態的葉片也很漂亮，無花時期可當作葉材。另有黑葉、斑葉等品種。需種在排水良好的場所。 株

細葉水甘草
Amsonia tabernaemontana

❄強 ☼強 ✿春
高 80 寬 40

清新脫俗的水藍色花，其他花卉難得一見的顏色，搭配任何花卉植物都很調和而深具魅力。丁字草的同類，但花的分量感十足，植株更強健。植株生長速度慢，栽種後好幾年不移植也沒關係。 插 株 種

槭葉蚊子草
Filipendula purpurea

❄強 ☼強 ✿初夏
高 60至80 寬 40至50

小花聚集，蓬鬆柔美宛如棉花糖。自古就栽培，也用於泡茶的花。易罹患白粉病，花蕾出現症狀時就不開花，必須以殺菌劑等事先作好防範對策。開花後及早摘除殘花。 株

大花益母草
Leonurus macranthus

❄強 ☼強 ✿夏至秋
高 80至150 寬 40至80

外形很像「着せ綿（日式糕點）」的日本野草，枝條上開出一節節棉花般絲絨狀花朵。散發著甘甜香氣。桔梗與黃花龍芽草健康生長的場所就很適合栽種。6月左右修剪成原來的一半高度後，長成小巧植株就會開花。 株 種

長葉蚊子草
Filipendula vulgaris (hexapetala)

❄強 ☼強 ✿初夏
高 60至80 寬 30

纖細花莖上開出花朵小巧的穗狀花。渾圓飽滿的花蕾也很可愛。還有重瓣品種。梅雨季節開花，淋雨後易倒伏。種在通風不良的場所易罹患白粉病。 株 種

單穗升麻
Actaea matsumurae

❄強 ☼強 ✿夏末至初秋
高 100至150 寬 50

開出宛如白色毛刷的穗狀花，種在背景陰暗的場所時，整個跳脫出來而顯得更夢幻。種在土壤溫度不會上升的半遮蔭（半遮蔭）場所，就能欣欣向榮地生長。適合種在大量混入腐葉土的排水良好場所。 株

地榆
Sanguisorba officinalis

❄強 ☼強 ✿夏至秋
高 80至100 寬 40至50

搭配芒草與黃花龍芽草構成中秋節裝飾，最具秋季代表性的野草。種在貧瘠場所時，植株更健康地成長，土壤太肥沃則易倒伏。花莖長達30cm左右時，由地際修剪就不容易倒伏。需留意白粉病。 株 種

黃花龍芽草
Patrinia scabiosifolia

❄強 ☼強 ✿夏至秋
高 80至100 寬 40至50

秋季七草之一，日本和歌自古詠嘆的野草。種在貧瘠的土壤裡，植株就不會恣意生長。黃色小花不搶眼，因此很適合作為其他植物的配花。搭配桔梗等植物效果最好。 株 種

旋果蚊子草
Filipendula ulmaria 'Aurea'

❄強 ☼強 ✿初夏
高60 寬40

葉片鮮黃，夏季也不容易出現葉燒現象，是相當難能可貴的彩葉植物。開花時，白色小花聚集成穗狀。確實扎根後，植株就健康生長，溫暖地區也容易栽培。栽種時混入腐葉土等更好。 株

剪春羅
Lychnis sieboldii

❄強 ☼強 ✿初夏
高40 寬20

鮮豔的朱紅色花，常用於泡茶的夏季花卉。園藝品種廣為流通，花色除朱紅色外，還有白色、粉紅色、花瓣上有斑點的品種。種在旺盛生長的植物旁時，植株生長狀況易衰退，栽種時必須確保足夠空間。 插 株

金蓮花（Cheddar）
Trollius × cultorum 'Cheddar'

❄強 ☼普 ✿初夏
高60 寬30

淡雅的乳白色花，別於其他品種，充滿柔美印象的花。花朵飽滿不平開，始終維持著杯形。既不耐高溫潮濕，也不耐乾燥，必須種在排水良好的場所，夏季確實作好植株基部的覆蓋作業。 株

星芹屬植物
Astrantia

❄強 ☼普 ✿初夏
高50至80 寬30

性質強弱因品種而不同。比較容易栽培的是major、Rosary、白花等品種。土壤溫度上升時易損傷根部，植株基部需避免照射陽光。採用淺植方式，增加植株基部的覆蓋厚度即可改善。 株

A 最廣為使用的紫紅色紫蘭。群生時更壯觀。
B 白花紫蘭。清新脫俗，姿態優美。

紫蘭
Bletilla striata

至 ❄強 ☼強
✿春末 高40至60 寬40

除陰暗遮蔭處外，任何場所都適合栽種，不需移植，可一直種在原地。以劍狀葉植物搭配圓葉植物就能彼此襯托。除紅紫色花外，還有白花、花瓣尾端為粉紅色的口紅紫蘭等品種。遭遇遲霜時，芽易出現霜害，需確實作好防寒措施。 株

朝鮮紫菀
Gymnaster koraiensis

❄強　☼強　✿夏
高 50　寬 50以上

開淡淡的藍紫色花，充滿清涼意象，花較少的炎炎夏日依然蓬勃綻放。耐熱、耐寒能力都很強，體質強健，幾乎不需要費心照料，罹患病蟲害情形也少見。地下莖蔓延生長，限制根域即可在同一個場所生長。 制 株

Schizostylis
Hesperantha (Schizostylis) coccinea

❄強　☼強　✿秋至初冬
高 60　寬 40

別名Winter Gladiolus。花色鮮豔宛如唐菖蒲，可將花較少的秋季庭園妝點得很華麗。劍狀葉也充滿野趣。原產於南非，但體質強健又耐寒。花色有紅色、粉紅色、白色。株

大花新風輪菜
Calamintha grandiflora

❄強　☼強　✿初夏
高 40　寬 30

相較於假荊芥新風輪菜，花與葉都大上一輪，外形柔美的粉紅色花。葉片上有細小散斑的品種（圖），一年四季都能欣賞美麗的風采。體質強健，但不喜歡潮濕環境。葉散發薄荷般清新香氣。 插 株

鬼罌粟
Papaver orientale

❄強　☼普　✿春末
高 60至80　寬 40至50

罌粟屬植物中花朵最大、最華麗，花色範圍也很廣的品種。萼片裂開為二，花朵開始綻放時最可愛。根部粗壯，但土壤太潮濕時易腐爛，必須種在排水良好的場所。 種

科西嘉聖誕玫瑰
Helleborus argutifolius

至　❄強　☼強　✿春
高 60　寬 40

相較於其他品種聖誕玫瑰，植株較高，可種成立體狀態。四季常綠，可為冬季花壇增添色彩。相較於臭聖誕玫瑰，體質更強壯，壽命也比較長。花謝後由植株基部修剪花莖，即可促使長出新芽。 種

萱草屬植物
Hemerocallis

至　❄強　☼強　✿初夏
高 30至100　寬 30至80

梅雨季節熱熱鬧鬧地開出酷似百合花的花朵。花色也豐富，甚至有重瓣品種與一年可開兩次花的品種。體質強健，但開花後葉片易折斷而感覺很雜亂，由地際修剪，促使長出新葉即可調整草姿。易招引蚜蟲。 株

鈴蘭（德國鈴蘭）

Convallaria majalis

❄強 ☼強 ✿春末

高 20至30 寬 30

連續開出雪白鐘形花的姿態最惹人憐愛。花散發芳香氣味，也用於製作香水。另有粉紅色花與重瓣花等品種。秋季結果，渾圓的紅色果實也深具魅力。夏季缺水而落葉後，易影響隔年開花，需留意。 株

野春菊

Miyamayomena savatieri

❄強 ☼強 ✿春末

高 30至40 寬 20至30

開單瓣花，外形素雅，但種上一大片時，華麗程度令人驚艷。種在半遮蔭處也會開花，但成長速度慢，植株不會太茂盛，是非常卓越的庭園植物。花色有深淺紫色與粉紅色。

插 株

藍雪花

Ceratostigma plumbaginoides

❄強 ☼強 ✿夏至秋

高 30 寬 50以上

漂亮的深藍色花，花期長，由夏季一直開到秋季。地下莖橫向生長後覆蓋地面，很適合沿著牆壁等細長形設施栽種的地被植物。植株旺盛生長，病蟲害少見。秋末由地際縮剪為宜。 制 插 株

淫羊藿屬植物

Epimedium

❄強 ☼強 ✿春

高 20至80 寬 20至60

纖細花莖頂端開出錨狀花，纖細而充滿柔美印象。葉的觀賞價值也很高。由小型到大型，種類非常多，花色也豐富多彩。常綠種於早春時節由地際修剪老葉，即可調整草姿，栽培出姿態優美的植株。 株

紫菀（矮性種）

Aster tataricus

❄強 ☼強 ✿初夏至秋

高 60至80 寬 30

以早生紫菀名稱流通。植株小巧，只有秋季開花的高性種紫菀的一半高度，花期也長。初夏開花後摘除殘花，就會持續開花至秋季。體質非常強健，任何土質都容易栽培。

株

油點草屬

Tricyrtis

❄強 ☼強 ✿夏末至秋

高 30至80 寬 30

常用於泡茶而廣為熟知的花，以花瓣上的紫紅色斑紋，與葉片上的斑點（油點）最富魅力。同類包括花朵向上與低頭綻放等，還有白花與黃花等品種。台灣油點草（圖）必須限制根域。 制 插 株

長柱花
Phuopsis stylosa

至 強 強 春
高 20 寬 40

小花聚集，開出直徑約3cm手毬狀花的花姿最可愛。地下莖蔓延生長成地毯狀。耐熱，但不喜歡悶熱環境，適合種在雅石庭園或高設花壇等排水良好的場所。 插 株

路邊青屬植物（大根草的同類）
Geum

強 強 初夏
高 30至60 寬 20至40

葉形酷似蘿蔔葉。廣泛栽培的是紅花路邊青與山地路邊青，花朵碩大，花色也鮮豔。夏季期間老株易腐爛，必須透過分株或以實生方式更新。 株 種

金錢草(圓葉遍地金)
Lysimachia nummularia

至 強 強 春末
高 5至10 寬 50以上

匍匐生長，植株成長速度快，適合當作地被植物，用於填補植株之間的空隙。西曬或照射到夏季午後陽光，易出現葉燒現象。黃葉的Aurea最容易出現葉燒現象，需留意。 插 株

槭葉草
Mukdenia rossii

至 強 強 春
高 30至50 寬 30至50

日文別名岩八手。狀似八角金盤，深葉裂，葉片具光澤。葉子展開前抽出花莖，長出花蕾，一面開花，一面長出茂密的葉子。體質強健，不容易罹患病蟲害。長成老株後，根莖露出地面，但不會影響開花。 株

大蔓櫻草（Rollie's Favorite）
Lychnis (Silene) 'Rollie's Favorite'

強 強 春
高 30 寬 30

蠅子草（dioica）的改良品種，植株小巧。花瓣渾圓，形狀可愛的花，開在容易分枝的枝頭上。適合種在花壇前段或高設花壇等設施。植株長大後易因太悶熱而損傷，秋季分株即可改善。 株

Sarastro
C. 'Sarastro'
半常綠種。株高約60cm。
花朵碩大的深色花。不會
像紫斑風鈴草般往四周生
長，因此很適合採用混植方式。

風鈴草屬植物

Campanula

🍃、🍃 💧 ❄強 ☀普 ✿初夏至夏
高 30至150 寬 30至100

種類多，性質強弱不一，不乏栽培難度較高的品種。這裡舉出的是比較容易栽培的種類，都是花型、株姿等很有個性又容易採用的種類，當然也包括紫斑風鈴草般，旺盛生長到必須限制根域的種類。宜添加腐葉土等，促進排水後栽種。開花後花莖就枯死，需修剪花莖，避免植株基部的新芽照射太陽。 株

聚花風鈴草（Caroline）
C. glomerata 'Caroline'
半常綠園藝品種。株高40cm至50cm。確實作好排水後栽種，避免環境太悶熱。

白花

聚花風鈴草
C. glomerata
半常綠種。分為株高30cm的矮性種，與80cm的高性種。花色有紫色、白色。栽種好幾年依然能維持相同的株寬。需避免環境太悶熱。

紫花

紫斑風鈴草
C. punctata

半常綠種。株高30cm至70cm。園藝品種越來越多，花型與花色也富於變化。生長旺盛容易蔓延生長。

A 紫斑風鈴草（淺粉紅色花）
B 紫斑風鈴草
C 白絲紫斑風鈴草
（竹島紫斑風鈴草）
C. takesimana 'Beautiful Trust'
D 紫斑風鈴草（Pantaloons）
C. punctata 'Pantaloons'

闊葉風鈴草 *C. lactiflora*
落葉種。株高約80cm。特徵為金字塔狀大型花穗。粗壯根部不耐高溫潮濕。必須促進排水。

匍匐風鈴草 *C. rapunculoides*
半常綠種。株高1公尺以上，因此適合種在花壇後方。草姿修長纖細，花色深淺皆有。植株易蔓延生長。

新梢開花的花木

由喜愛位置修剪，春季長出新梢後就會開花，花壇裡栽種這種特性的花木，感覺就很像多年生草本植物，可以好好地運用。這類花木大多初夏至夏季期間開花，因此，即便萌芽前的早春時節（2月左右）修剪也會開花。花木的存在感不同於草姿柔軟的草花，可使花壇顯得更有層次感，或成為花壇裡的視線焦點。充分考量樹型、枝條生長狀態、花色、花型、葉色等，挑選可融入花壇的樹種吧！大部分適合扦插繁殖，小部分品種可進行分株。

大葉醉魚草 *Buddleja davidii*
株高2m至3m。圓錐形修長花穗散發芳香氣味。花色有白色、深淺粉紅色、紫色、黃色等。修剪殘花後長出側芽，花可持續開到秋季。

金絲梅 *Hypericum patulum*
株高0.8m至1.2m。長成拱形的新梢開出鮮黃色花朵。修剪殘花後長出側芽就繼續開花。種在半遮蔭環境也會開花。

木槿 *Hibiscus syriacus*
株高可高達3m以上，透過修剪即可維持小巧樹型。花色有白色、粉紅色、紫色系，花型有單瓣花至開出手毬狀般重瓣花。易罹患捲葉蟲，需留意。

Oguro

圓錐繡球（Limelight）
Hydrangea paniculata 'Limelight'
株高1至2m。比Minazuki早開花約1個月。大型圓錐狀花開在短短的枝頭上而不是低頭綻放。花壽命長，可欣賞至秋季。

大花繡球（Annabelle）
Hydrangea arborescens 'Annabelle'
株高約1.2m。初夏至夏季開花。花徑20cm，花色有白色、粉紅色。適合種在半遮蔭場所。枝條多而形成叢生狀。花期長，可欣賞至秋末。

紫薇
Lagerstroemia indica
株高0.5至5m，也有極矮性種。花色由白色到紅色、紫色。易罹患白粉病，必須種在日照充足且通風良好的場所。

杞柳（白露錦）
Salix integra 'Hakuro-nishiki'
株高2至3m。新芽由綠色轉變成粉紅、白色。夏季為綠色。春季開花，花開在老枝上。萌芽力強，耐修剪。

粉花繡線菊
Spiraea japonica
株高0.6至1m。枝頭上開出粉紅色或白色花。溫度穩定時，可開花無數次。黃葉品種還可當作葉材。

紅花檉柳
Tamarix tetrandra
株高2至3m。纖細線狀葉與柔軟粉紅色花的完美融合，充滿優美印象的花木。植株成長至喜愛高度後，每年由相同位置修剪。

紫珠
Callicarpa dichotoma
株高約1.5m。細枝的葉腋聚集著小花，邁入秋季後，果實轉變成鮮豔紫色。枝條因為果實重量而下垂成拱形。萌芽力強。

木槿（Blue Bird）
Hibiscus syriacus 'Oiseau Bleu'
株高2至3m。以藍色系花色最具特徵的品種。木槿可透過修剪打造喜愛樹型。如圖中般將植株修剪成圓形更具存在感。

鐵線蓮（King's Dream）
C. 'King's Dream'

'柿生'　*C.* 'Kakio'

美化空間的鐵線蓮

可大致分成蔓藤冬季枯萎，春季長出新枝後開花的「新枝開花種」、蔓藤不枯萎，前年枝等老枝上開花的「老枝開花種」、新枝與老枝都開花的「新舊枝開花種」三大類。其次，亦可分成一季開花與四季開花（大多為初夏至秋季＝5月至10月）兩類。通常為環繞住家周邊，構成立體狀態的植栽，但種在花壇裡，讓蔓藤纏繞在錐形花架等設施上，或纏繞在花壇後方的格柵或圍籬上，即可欣賞到鐵線蓮與其他多年生草本植物構成，充滿協調美感的景致。栽種時施用基肥，秋季則進行追肥。

讓好幾種四季開花的鐵線蓮在圍籬上攀爬，富於變化的混植實例之一。

Montana Rubens
Clematis montana var. *montana*
老枝開花種，花開一季。生長旺盛。性喜涼爽環境。一到了春天，枝條上就開滿花徑5至6cm的花朵，即可欣賞到非常夢幻的美景。

裝飾花壇後方的紫色鐵線蓮。前方為風鈴桔梗。

Venosa Violacea
C. 'Venosa Violacea'
新枝開花種，開花期為初夏至秋季。花瓣呈現紫色漸層，色澤典雅漂亮的品種。體質強健，建議搭配可展現花色之美的多年生草本植物。

Romantika & Musashi
C. 'Romantika' & *C.* 'Musashi'
開紫紅色花，略帶黑色的Romantika。淺紫色為Musashi，皆為新舊枝開花種，於初夏至秋季開花。類似性質的兩種鐵線蓮的絕佳混植實例。

Tentel
C. 'Tentel'
新舊枝開花種，開花期為初夏至秋季。植株旺盛生長，多花性，色澤柔美，最適合往花壇後方的圍籬或格柵等設施上攀爬。

Mikelite
C. 'Mikelite'

仙人草
C. terniflora
自生於山野或住家周邊，體質強健的常綠植物。夏季至初秋開花。盛開時枝條幾乎被四枚花瓣的白花淹沒，可為花壇增添意趣。

Arabella
C. 'Arabella'
新枝開花種，開花期為初夏至秋季。直立生長的同類中，直株可高達1.5m的品種，適合種在花壇後方或纏繞在圍籬上。

Belle of Woking
C. 'Belle of Woking'
舊枝開花種，開花期為初夏至秋季。開大朵重瓣花，剛開花時為淺紫色，開花後花色加深。花壽命長。

Madame Julia Correvon
C. 'Madame Julia Correvon'
新枝開花種，初夏至秋季開花。體質強健，枝條上開滿鮮豔的紅色花。最適合種在帶狀花壇後方。

晴山
C. 'Haruyama'
新舊枝開花種，開花期為初夏至秋季。色澤柔美，引導至花壇中的錐形花架等設施上，巧妙地融入多年生草本植物中。

日枝
C. 'Hie'
舊枝開花種，開花期秋末至初春。花瓣內側密布紅褐色斑點。體質強健，蔓藤生長狀況絕佳。宜引導蔓藤往落葉喬木等樹木上攀爬。

Marmori & Princess Diana
C. 'Marmori' & *C.* 'Princess Diana'
花朵碩大，開粉紅色花的是新舊枝開花種Marmori。四枚花瓣，開深粉紅色花的是新枝開花種Princess Diana。兩個品種的開花期皆為初夏至秋季。

半遮蔭（落葉樹下）

春末至秋季處於遮蔭狀態，
秋末至春季全日照的環境。

落葉樹下適合栽種原本在山野般環境中生長的山野草類植物，是很適合栽種初春至春季期間成長後開花、耐夏季高溫乾燥能力較差、易因照射烈日而出現葉燒現象等植物的環境。落葉樹下既可抑制土壤溫度上升，環境出現劇烈變化的情形也少見，植株與根部都能處在比較安定的狀態下而不會受到傷害。其次，邁入冬季後，常綠性植物還是會成長。即便沒有花很多心思照料，年復一年，植物依然維繫著生命週期，能夠深深地感覺出季節變化。落葉效果還可預防土壤劣化。

玉簪與黃花寶鐸草在落葉樹下健康地成長，葉片長得最耀眼。

黃山梅

Kirengeshoma palmata

❄強 ☼強 ✿初夏
高 80 寬 50

日本固有野草，描繪著柔美拱形曲線的枝頭上開著黃花，與存在感十足的掌狀葉，構成充滿協調美感的畫面。花朵與花蕾易出現日燒現象，因此，長出花蕾後需避免直接照射陽光。 株

Italian Ruscus

Danae racemosa

至 ❄強 ☼強 ✿秋末至冬（果實） 高 60至100 寬 30至60

葉片厚實、具光澤感，邁入草木枯萎的冬季後，顯得格外耀眼，搭配聖誕玫瑰屬等植物效果更好。春季長出新芽後，老莖依序枯萎更新。成長速度緩慢，在原地種上5至6年更好。 株 種

蓮花升麻

Anemonopsis macrophylla

❄強 ☼普 ✿夏末
高 80 寬 40

夏季接近尾聲時，略帶圓潤感的花朵低頭綻放。葉子不夠茂盛，開花情形就變差，最好種在寬敞地方讓植株健康地成長。長出花蕾時期缺水就不開花，需留意。 株 種

重瓣品種

秋牡丹
Anemone hupehensis

🍃 💧 ❄強 ☼強 ✿秋
高 30至150 寬 50至60

花莖上分別開出一朵花，花瓣（萼片）大小都不一樣，可用於增添可愛印象。園藝品種（右圖）也不少，不乏株高30cm的小型品種。花謝後結棉花狀果實也頗具觀賞價值。需留意白粉病。 制 株

春季開花種秋牡丹
Anemone virginiana

🍃 💧 ❄強 ☼強 ✿初夏
高 100 寬 40

抽出纖細花莖後陸續開花。花謝後，綠色果實留在枝頭上，秋末時分形成綿毛，飄散至庭園的各個角落。隨著季節轉變的姿態最具觀賞價值。植株老化後失去活力，適合以實生方式更新。 種

Alexander

黃色珍珠菜
Lysimachia punctata

🍃 💧 ❄強 ☼普 ✿初夏
高 60至80 寬 40至50

色彩明亮的黃色花穗直立生長。栽培成群生狀態，開花後姿態更獨特。還有外形清新亮麗的斑葉品種。基部處於高溫狀態時，植株生長變緩慢，因此，溫暖地區栽種時，最好種在土壤溫度不會上升的樹蔭下。 株

傲立寒冬中的niger種

聖誕玫瑰
Helleborus × hybridus, H. niger

❄強 ☼強 ✿初冬至春

高 30至60 寬 40至50

以冬季最寒冷時期開花的niger種，與初春至春季期間開花的交配種最具代表性。壽命長，扎根後，在相同場所可開花長達十年之久。植株失去活力後挖出，添加腐葉土後重新栽種。 株 種

春季期間在樹蔭下繽紛綻放的聖誕玫瑰交配種。

黃花寶鐸草
Disporum flavens

❄強 ☼強 ✿春

高 80 寬 40

寶鐸草的同類，會一邊抽出枝條，一邊開出碩大花朵。在樹蔭下綻放著黃色花而更耀眼，栽培成群生狀態更壯觀。地下莖生長後，植株微微地橫向蔓延。均勻混合腐葉土後栽種。 株

高地黃
Rehmannia elata

❄普 ☼普 ✿初夏

高 30至80 寬 20至40

藥草地黃的同類。狀似毛地黃，但花瓣展開成喇叭狀，莖部纖細柔韌。夏季期間以遮蔭處為宜，均勻混合腐葉土後栽種，避免植株基部處於高溫乾燥狀態即可。 株 種

秋海棠
Begonia grandis

❄強 ☼強 ✿夏末至秋

高 60 寬 40

低頭綻放淺紅色花的秋季野草。具耐寒性的秋海棠屬植物，有白花品種、葉背為紅色的品種，與整個葉片都是紅色的品種。種在全日照環境易出現葉燒現象。利用葉片基部的珠芽就能繁殖。 株

荷包牡丹

荷包牡丹屬植物

Lamprocapnos, Dicentra

❄強 ☼普 ✿春

高 20至60 寬 20至60

以外形獨特的心形花最惹人憐愛。東亞與北美就有20多個品種，高山植物奇妙荷包牡丹（駒草）也是同類。荷包牡丹（別名釣鯛草），與美麗荷包牡丹等園藝品種，體質強健，容易栽培，適合庭園栽種。兩個品種的根部都很粗壯易扎根，混入腐葉土等，深耕土壤，促進排水後栽種。植株活力衰退時，可於秋季分株重新栽種，根部易折斷，需留意。 株

Gold Hearts
L. spectabilis 'Gold Heart'
黃葉類型荷包牡丹。明亮葉色與粉紅色花型成鮮明華麗的對比。株高60cm。

Ivory Hearts
D. 'Ivory Hearts'
保留著奇妙荷包牡丹（駒草）氛圍，外形甜美可愛的小型品種。以藍灰色深葉裂的纖細葉片最具魅力。株高20cm。

Valentine
L. spectabilis 'Valentine'
荷包牡丹的園藝品種，深紅色花最亮眼。花莖與葉片都帶紅色。株高50cm。

華鬘草 *L. spectabilis*
夏季休眠，地上部分枯萎。庭園栽培時，可與地被植物等一起栽種。株高60cm。

Luxuriant *D.* 'Luxuriant'
美麗荷包牡丹的交配種。比荷包牡丹更小型，開花狀況良好，由春季一直開至秋季。株高40cm。

森林銀蓮花
Anemone nemorosa

❄強 ☼普 ✿早春

高 10 寬 20

隨著積雪融化，發芽後迅速地竄出地面，枝條上開滿甜美可愛的白色花朵。5月進入尾聲後，地上部分消失，進入休眠期。雙瓶梅類植物中比較容易栽培的品種。單瓣與重瓣皆有。 株

伊比利亞聚合草
Symphytum ibericum

❄強 ☼普 ✿春

高 20至30 寬 30至40

聚合草的同類，初春開始綻放。半匍匐性，適合當作遮蔭的地被植物。亦有斑葉品種。喜歡腐植質成分較高、稍具濕氣的場所，因此，栽種時宜混入腐葉土等。至扎根為止需避免太乾燥。 株

斗蓬草
Alchemilla mollis

❄強 ☼普 ✿春末

高 30至60 寬 40

佈滿胎毛般纖毛的圓葉與蓬鬆黃花，充滿柔美氛圍的植物。花謝後轉變成茶色，需及早修剪殘花。植株漸老後，草姿易顯雜亂，活力也變差，以每三年分株一次，重新栽種為宜。 株

延齡草屬植物
Trillium

❄強 ☼普 ✿春

高 20至30 寬 20

葉片、萼片、花瓣分別為三枚，花姿令人印象深刻。不易蔓延生長，以栽種複數植株為宜。大多為茶褐色與綠色等樸實花色，大花延齡草（圖）花朵碩大，體質也強健。 株

西亞琉璃草（Starry Eyes）
Omphalodes cappadocica 'Starry Eyes'

❄強 ☼普 ✿春

高 20至30 寬 20至30

原產於土耳其，開勿忘我般五枚花瓣的小花。以白色覆輪的藍色花最具個性、最富人氣。不喜歡潮濕環境，種在排水良好的場所就能健康地成長。肥料少量為宜。 株

雪割草
Hepatica nobilis var. *japonica*

強 強 初春

高 10至20 寬 20

日本野草，市面上流通的大多為園藝品種。建議一起栽種多株，形成群聚狀態，盡情地欣賞花。種在落葉堆積般，富含腐植質的場所生長狀況更好。喜歡排水良好的場所，夏季需避免缺水。 株 種

穆坪紫堇（China Blue）
Corydalis flexuosa 'China Blue'

強 普 春

高 10至20 寬 20至30

以清澈明亮的藍色花最具魅力。延胡索的同類，夏季休眠，地上部分枯萎。不喜歡高溫潮濕環境，適合種在面向東側的斜坡地等，夏季比較涼爽，且排良好的場所。與雪割草種在相同環境，植株就健康生長。 株

蝦脊蘭
Calanthe discolor

強 強 春

高 30至40 寬 40

常綠地生品種蘭花，開素樸典雅的茶色花，值得細細地品味。搭配適合種在相同環境的櫻草或荷青花等植物，就能彼此襯托魅力。種在腐葉土等富含腐植質且排水良好的場所更旺盛生長。 株

療肺草（Blue Ensign）
Pulmonaria 'Blue Ensign'

強 強 春

高 20至30 寬 30至40

肺草屬植物中體質最強健，花朵較大，花色較深。是少見鮮豔藍色花的初春時期最難能可貴的花。不喜歡夏季的高溫潮濕天氣，適合均勻混合腐葉土，排水良好，不會西曬的場所栽種。 株

朝鮮白頭翁
Pulsatilla cernua

至 強 強 春

高 20至40 寬 20

花謝後花柱密生白毛，狀似白髮而得「翁草」之名。不喜歡潮濕環境，植株壽命較短，五年左右就消失，可透過實生方式更新植株。花色有藍、紫、黃、白，國外進口的白頭翁，花色更豐富，體質更強健。 種

側金盞花
Adonis amurensis

❄強 ☼普 ✿春
高 20至30 寬 20至30

帶來春天訊息的花。照射陽光才會開花，一面開花，一面抽出花莖。圖中的福壽海最適合庭園栽種，重瓣種等園藝品種廣泛流通市面。生長期間較短，葉片壽命長，適合於秋分前後施以固體肥料。 株

銀線草
Chloranthus japonicus

❄強 ☼強 ✿春
高 20 寬 20

以四枚葉片包覆住的花莖生長過程最具觀賞價值。可大致分為植株較高、花徑為綠色、花帶粉紅色等品種，突變種植株也流通市面。夏季期間喜歡腐植質含量豐富的遮蔭場所。建議耕入腐葉土等成分後栽種。 株

榕葉毛茛
Ranunculus ficaria

❄強 ☼普 ✿春
高 10至20 寬 20

以具光澤感的黃色花瓣為特徵。夏季休眠。適合於生長期的秋季至初春期間栽種，需種在日照充足的場所。照射陽光才會開花。葉片較黑、白花、重瓣等品種廣泛流通市面。取一小塊塊莖就能繁殖，植株自然地蔓延生長，栽種後即落實當地的植物。 株

矢車草（鬼燈檠）
Rodgersia podophylla

❄強 ☼普 ✿初夏
高 40 寬 40

山地林邊或林地常見，以風車形狀的葉形為特徵，將植株栽培長大更具觀賞價值。另有長出新芽邁入展葉期後，葉片帶紅色的品種。開白色花。生長速度緩慢。葉形、花色、花型各具特色的進口園藝品種也流通市面。 株

荷青花
Hylomecon japonica

❄強 ☼普 ✿春
高 20至30 寬 20至30

具光澤感的鮮黃色花，可使陰暗處顯得更明亮的山野草。葉片質感柔軟，植株纖細，適合落葉樹下栽種成群生狀態。夏季休眠。需避免太乾燥。適合以實生方式繁殖。 株

鹿藥
Maianthemum japonicum

❄強 ☼普 ✿春
高 30 寬 30

不喜歡西曬，也不適合種在太陰暗的場所。開白色小花，開花後莖部呈柔美的垂枝狀，亦可看到覆輪等斑葉品種。原生於落葉堆積等林地上，因此適合耕入腐葉土後栽種。 株

櫻草　*P. sieboldii*　落葉植物。株高20cm，日本最具代表性的櫻草屬植物。夏季休眠，地上部分消失。比較容易栽培的植物。

櫻草屬（報春花屬）植物

Primula

、 ❄強 ☼普 ✿春

高 10至60 寬 40

日本的櫻草、九輪草，以及國外進口品種廣泛流通市面。多年生草本植物中最華麗、最具春季代表性的植物。花色因種類而不同，株高廣泛包括10cm左右的小型種，與高達60cm的大型種。無論哪一種都不耐夏季炎熱氣候，不喜歡乾燥環境，栽種場所應避免太乾燥。夏季停止生長，秋季恢復生長，因此秋季需追肥。分株也適合於秋季進行。利用種子也能輕易地繁殖栽培。

株 種

黃花九輪草　*P. veris*
常綠植物。株高20cm。萼筒修長，抽出花穗後橫向開花。萼筒有顏色或重瓣花等園藝品種也流通市面。

九輪草　*P. japonica*
常綠植物。株高60cm。開好幾層花，宛如寺廟的九重塔而得名。喜歡濕氣的大型種。

歐洲報春花　*P. vulgaris*
常綠植物。株高20cm。歐洲最具代表性的報春花屬（櫻草屬）植物。還有重瓣品種。

Victoriana Silver lace
P. 'Victoriana Silver Lace Black'
常綠植物。株高15至30cm。Elatior Hybrid（Polyantha系）品種。花朵小巧的多花性植物。相當容易栽培。

高穗報春花　*P. vialii*
常綠植物。株高50cm。花蕾為紅色的獨特穗狀花類型。適合涼爽地區栽種，溫暖地區栽種壽命較短。

Polyantha系 & Julian系
園藝品種
常綠植物。株高15至30cm。國外進口園藝品種，花色、花型多采多姿。比較容易栽培的植物，適合花壇栽種或構成組合植栽時採用。

玉簪屬植物
Hosta

❄強 ☼強 ✿初夏至秋
高 10至200 寬 10至150

原產於日本，最適合遮蔭環境栽種的代表性植物。葉片大小、葉色、斑紋的生長方式都富於變化，春季至秋季都能欣賞到漂亮葉片。還有花朵漂亮與散發怡人香氣等品種，建議配合植栽空間大小與喜好挑選。體質強健，容易栽培，但排水不良時，易罹患軟腐病與白絹病，需留意。接觸遲霜易損傷新芽，需確實作好防寒措施。

植株大小的大致基準　大型種株高60cm以上，中型種株高20cm至60cm，小型種株高20cm以下。　株 種

由植株大小形形色色的玉簪構成的植栽。大小不一的植株與葉色形成對比，成功地為原本處於遮蔭狀態的庭園增添柔美明亮氛圍。

大型種「寒河江」與小型種Hosta venusta「日光」。小型種適合採用盆栽方式。

圓葉玉簪
H. plantaginea
大型種。葉片寬闊，強光下為黃綠葉。雪白大花散發強烈的芳香氣味。圖為重瓣種。

'寒河江'　*H.* 'Sagae'
大型種。日本山形縣寒河江選拔時脫穎而出的人氣品種。以波浪狀闊葉上的白色至黃色覆輪最具特色。

Christmas Candy
H. 'Christmas Candy'
中型種。廣泛涵蓋黃綠色至葉片中央有鮮黃色斑紋等品種，庭園栽種也很醒目。體質強健，容易栽培。

Frances Williams
H. 'Frances Williams'
大型種（右圖）。帶綠色的葉片，淺黃色的覆輪。開淺紫色花。易出現葉燒現象，需留意。成長速度緩慢。

Stained Glass　*H.* 'Stained Glass'
中型種。葉面寬闊，中央有金黃色斑紋，充滿明亮氛圍。碩大白花香氣濃郁。

June　*H.* 'June'
中型種。葉片厚實，中央有淺黃綠色斑紋。體質強健，容易栽培。花為薰衣草色。

Minuteman
H. 'Minuteman'
中型種。深綠色葉片與清晰的白色覆輪形成漂亮對比。開淺紫色花。

Red October
H. 'Red October'
小型種至中型種。長著波浪狀綠葉，葉柄與花莖為紅色。花朵為極淡雅的紫色。

Halcyon　*H.* 'Halcyon'
中型種。最具代表性的藍葉品種，株姿姣好不雜亂，體質強健，開淡淡的紫色花。

小型種

Kabitan
H. sieboldii var. *sieboldii* f. *kabitan*
小型種。小葉玉簪的代表性品種。葉片中央有黃色斑紋，春天的新葉尤其漂亮。

文鳥香
H. 'Bunchoko'
小型種。自古栽培的白覆輪種，體質強健，易蔓延生長。開鮮豔的紫色花。

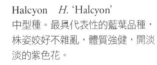

蕨類植物

至 強 強
春至秋（葉） 高 30至60 寬 30至80

蕨類植物中適合庭園栽種的種類並不多，但枝繁葉茂，充滿清涼意象，深具蕨類植物特徵，是襯托其他植物的絕佳素材。春季發芽時期最美。本單元中列舉的種類涵蓋適合全日照與遮蔭環境栽種的品種。罹患病蟲害情形少見。適合於發芽時期以分株方式繁殖。

株

掌葉鐵線蕨　*Adiantum pedatum*
落葉植物。株高50cm，株寬50cm。葉柄為黑色，特徵為狀似孔雀開屏的纖細葉片，搭配任何植物都充滿協調美感。觀葉植物鐵線蕨的同類。

日本蹄蓋蕨
Athyrium niponicum f. *metallicum*
落葉植物。株高30cm，株寬30cm。中型種，容易使用。種在半遮蔭環境中就顯得格外水嫩鮮綠。右上圖般葉色獨特的種類也在市面上流通。搭配聖誕玫瑰等耐陰性植物最能展現美麗風采。

岩蕨
Woodsia polystichoides
半常綠植物。株高30cm，株寬40cm。附著在岩石表面等場所生長的植物。適合種在雅石庭園的岩石間或採用盆栽方式。亦適合全日照環境栽種。還有葉色泛白的種類。喜歡排水良好的場所。

鳳尾蕨（井口邊草）
Pteris multifida
常綠植物。株高30cm，株寬40cm。葉片上有白色斑紋，外形素雅質樸，可使遮蔭處顯得更明亮。搭配不同葉色、葉形的植物即可。

莢果蕨
Matteuccia struthiopteris
落葉植物。株高60cm，株寬80cm。摘取山野菜的莢果蕨。株姿優美，葉片展開呈放射狀。新綠時節最漂亮。植株易蔓延生長。

春季開花的短命植物

早春時節率先開花，初夏消失蹤影的植物。Ephemeral意思為「短命」，Spring Ephemeral意思為春季開花的短命植物，落葉樹林南側林邊常見植物。地下有球根或根莖，夏季休眠，因此生長期間很短，栽培重點為延長花謝後的葉壽命。適合種在初夏開始就處於遮蔭狀態，但不會太乾燥的場所。

西洋豬牙花（Pagoda） *Erythronium* 'Pagoda'
地下深處有球根，豬牙花屬植物中體質強健又容易栽培品種。一枝花莖上開出好幾朵花。

菊咲一華 *Anemone pseudoaltaica*
銀蓮花屬（一華）植物中花最大朵、花姿最美的花。耕入腐葉土後淺植根莖即可。適合以分株方式繁殖。

冬兔葵 *Eranthis hyemalis*
開黃色花的西洋品種，被視為秋植球根。栽培方法如同日本菟葵。

日本菟葵 *Eranthis pinnatifida*
節分前後開始綻放。混入腐葉土、山砂後栽種塊莖。適合以實生方式繁殖。

豬牙花 *Erythronium japonicum*
自生於日本山野中的植物。兩片葉子之間抽出一枝花莖。溫暖地區不易栽培。

適合
半遮蔭環境
栽種的球根植物

球根植物與多年生草本植物的搭配性絕佳，在半遮蔭環境中健康地生長的球根植物，栽種後通常不太需要移植。本單元中特別從適合多年生草本植物花壇栽種的主要球根植物中，挑選了適合半遮蔭環境栽種的品種。無論哪一種植物都喜歡排水良好的場所，栽種前必須添加腐葉土等進行土壤改良。球根植物分球就能繁殖，但採用自然混種方式看起來更賞心悅目。

水仙
Narcissus
初春開始綻放的春季開花品種。花朵與株高也各不相同。大量繁殖而太混雜時易影響開花。不適合種在陰暗遮蔭場所。

葡萄風信子
Muscari
春季開花。已有許多品種流通市面。搭配花色漂亮，易融入其他草花的品種效果更好。

雪花蓮
Galanthus
冬季至早春時節開花。球根於秋季流通市面的大花雪花蓮最適合庭園栽種。建議種在落葉樹下等排水良好的場所，將球根稍微種深一點。

原種仙客來
Cyclamen
以秋季開花的常春藤葉仙客來（圖），與春季開花的小花仙客來，比較適合採用庭植方式。太潮濕環境需留意。

綿棗兒　*Scilla scilloides*
夏季山野中常見的野生種。株高20至25cm。地中海藍鐘花的同類。體質強健，容易繁殖。

天香百合
Lilium auratum
夏季開花。株高70至100cm。適合以深植方式，種在植株基部不會照射到陽光的其他植物之間。

鹿蔥
Lycoris sanguinea
石蒜的同類。夏季開花。株高40至50cm。山野等常見植物。朱紅色花開在遮蔭場所而顯得更耀眼。

西伯利亞綿棗兒
Scilla siberica
特徵為藍色花，春季開花的小型球根植物。株高約10cm。適合種在夏季期間土壤溫度不會升高的場所。

貝母
Fritillaria verticillata var. *thunbergii*
日文名稱為編笠百合的貝母。春季開花。株高約50cm。不移植也容易蔓延生長。

適合種在半遮蔭環境的其他球根植物

傘花虎眼萬年青
卷丹（虎皮百合）
鹿子百合
小卷丹
秋水仙屬植物
黃花石蒜屬植物
夏雪片蓮
花韭
石蒜
藍鈴花
燈台蓮

藍條海蔥
Puschkinia scilloides
花型小巧可愛，白色花瓣上有藍色條紋的春季開花種小型球根植物。株高約10cm。適合種在夏季期間依然涼爽的場所。

明亮遮蔭

不會直接照射陽光，但因周遭反射光而顯得很明亮的遮蔭場所。

即便住宅密集地區，還是會留下一些空間，位於遮蔭處卻顯得很明亮的場所真不少。因為顏色明亮的牆壁等設施的反射光而顯得很明亮之處，就會像薄日照射般明亮。明亮程度因場所條件而不同，也會因為季節而出現些許差異。但一年到頭都能照射到柔和光線，因此，很適合栽種具耐陰性的常綠種與易出現葉燒現象的植物。其次，靠近地面部分即便處在遮蔭狀態下，只要上部可照射到陽光，就很適合栽種蔓性植物。

葉薊

Acanthus mollis

至 強 強

初夏 高 150 寬 100至150

存在感十足的花穗與具光澤感的深綠色葉片最富魅力，可大致分成黃葉、斑葉，及苞片為綠色但花為白色的品種。植株必須栽培長大才會開花。適合以伏根方式繁殖。寒冷地區栽種時，邁入冬季就落葉。 株

葉薊（Tasmanian Angel）
A.mollis 'Tasmanian Angel'

岩白菜屬植物

Bergenia

至 強 強 初春

高 30至40 寬 40至50

由具光澤感的大葉片抽出花莖，花莖頂端密集綻放小花。花色有深紅、粉紅、白色。根莖匍匐生長蔓延，乾燥地區也能健康地成長，因此，石牆等設施上也很適合栽種。還有冬季會轉變成紅葉的品種。 株

玉竹
Polygonatum odoratum var. *pluriflorum*

❄強 ☼強 ✿春末

高 40至50 寬 40至50

因為根部甘甜而得「甘野老」的日文名。弓狀生長的枝條上，低頭綻放著白色筒狀花而風情萬種。斑葉品種能夠讓遮蔭狀態下的庭園顯得更明亮，易出現葉燒現象需留意。新芽為可食用的山野菜。 株

山東萬壽竹
Disporum smilacinum

❄強 ☼強 ✿春

高 20 寬 20

日本的野草。葉片酷似百合，可愛花朵低頭綻放。還有葉片上有黃斑與白斑的斑葉品種，各品種都體質強健，容易栽培，地下莖蔓延生長。一起栽種多株，形成群生狀態更漂亮。 株

黃精
Polygonatum lasianthum

❄強 ☼普 ✿春末

高 30至40 寬 30至40

日本各地常見野草，弓狀生長的莖部，吊掛著花型可愛，略帶綠色的白色花。粗壯根莖匍匐生長。夏季期間移往涼爽遮蔭場所，以避免出現葉燒現象。 株

金線草（Painter's Palette）
Persicaria virginiana 'Painter's Palette'

❄強 ☼強 ✿秋

高 60 寬 50

金線草的斑葉品種。葉片上夾雜乳白色與褐色斑紋，春季至秋季都能欣賞美麗葉片的彩葉植物。全日照環境中栽種時易出現葉燒現象，需留意。種子掉落就會繁殖，應及早摘除殘花。 種

黃花野芝麻
Lamium galeobdolon

❄強 ☼強 ✿春

高 30 寬 100以上

體質非常強健，適合種在遮蔭環境的地被植物。直立生長的枝頭上開出鼠尾草般花朵。植株旺盛生長，轉眼間地下莖就大肆蔓延，過度蔓延時需適度地疏剪。 插 株

黃水枝（Suger and Spice）
T. 'Sugar and Spice'

黃水枝屬植物

Tiarella

❄強 ☼強 ✿春

高 20至30 寬 20至30

自生於日本的黃水枝同類，淺粉紅色花穗充滿柔美氛圍。掌葉楓般深葉裂的葉片為常用彩葉素材。不喜歡高溫潮濕環境，適合種在通風良好的場所。 株

心葉牛舌草（Jack Frost）

Brunnera macrophylla 'Jack Frost'

❄強 ☼普 ✿春

高 30至40 寬 30

葉片最美的品種，散發金屬光澤的白色葉片，浮現網目斑紋狀綠色葉脈。開藍色花，狀似勿忘我，耐高溫潮濕或乾燥環境的能力較弱，適合種在排水良好，夏季期間土壤溫度不會上升的場所。 株

小鳶尾

Iris gracilipes

❄強 ☼強 ✿春末

高 20 寬 20

酷似鳶尾花的小巧花朵，相較於草姿更華麗。花色有紫色與白色。重瓣品種也流通市面。不喜歡太乾燥的環境，因此，必須種在不會缺水的涼爽遮蔭場所。不同於蝴蝶花，冬季期間地上部分就枯萎。 株

紫花野芝麻

Lamium maculatum

❄強 ☼普 ✿春

高 20 寬 40

枝條匍匐地面似地蔓延生長，體質強健，適合種在遮蔭處的地被植物。斑葉品種變化萬千的常綠植物，因此成為植物枯萎的冬季庭園裡最耀眼的植物。花色有粉紅色、白色。 插 株

大小與葉色各不相同的礬根屬植物。並排三種以突顯各品種的葉色之美。

黑葉礬根（Plum Pudding）的組合植栽。搭配斑葉常春藤與禾草類植物而充滿典雅氛圍。

礬根屬植物

Heuchera

❄強 ☼強 ✿春末

高 30至80 寬 30至50

葉色豐富，一年到頭都幾乎維持著相同草姿，適合庭園栽種與容易構成組合植栽的彩葉植物。壺珊瑚與園藝品種等花色漂亮的種類也不少。種類涵蓋大型種至小型種，活用品種特性，以礬根屬植物構成組合植栽也很有趣。體質強健，種在遮蔭環境也健康生長，但植株基部太潮濕或土壤裡殘留夏季肥料時，可能因罹患根腐病而枯萎。隨著植株老化，莖部漸漸地呈現出直立生長狀態，建議於春季或秋季剪下莖部的上部進行插芽更新。 插 株

Peach Pie　*H.* ‘Peach Pie’

Rave On　*H.* ‘Rave On’

Georgia Peach
H. ‘Georgia Peach’

Lime Rickey
H. ‘Lime Rickey’

Heucherella

× *Heucherella*

❄強 ☼強 ✿春

高 30至40 寬 30

礬根屬與黃水枝屬植物的交配種。栽培方式如同礬根。圖為Sunspot。 株

蔓長春花

Vinca major

至 強 強 春

高 30 寬 200以上

蔓藤由植株基部斜斜地往上生長後匍匐地面，適合遮蔭環境栽種的地被植物。具耐寒性，但寒冷地區栽種時枝條尾端易枯萎。植株小巧的小蔓長春花則常見白花或黃葉等園藝品種。 插 株

小蔓長春花
Vinca minor

斑葉金錢薄荷（金錢薄荷）

Glechoma hederacea

強 強 春

高 10 寬 100以上

適合遮蔭環境栽種的地被植物，枝條往四面八方匍匐生長蔓延。常用種類以斑葉品種為主。體質強健不會罹患病蟲害，但照射陽光後易出現葉燒現象，需留意。春季開出薰衣草色花朵。 插 株

紫唇花

Ajuga reptans

強 強 春

高 20 寬 40

遮蔭環境廣泛採用的地被植物。春季開出一大片深紫色花的景色最美麗。斑葉、銅葉等品種也流通市面，還有白花與粉紅色花品種。體質強健，但需避免種在太乾燥的場所。圖為混種白花葡萄風信子的情形。 株

斑葉羊角芹

Aegopodium podagraria 'Variegatum'

強 強 春末

高 40 寬 50

別名寬葉羊角芹。常用種類以斑葉品種為主。明亮的綠葉上夾雜乳白色斑紋而顯得清新無比。體質強健，幾乎不會罹患疾病。照射陽光後易出現葉燒現象，需留意。初夏開出繖形花科特有的纖細傘狀白花。 株

勿忘我　*Myosotis scorpioides*
花色有藍、粉紅、白色。植株茂盛生長，枝頭上開滿小花。適合種在花壇前方。

適合明亮遮蔭環境栽種的一年生草本植物

適合栽種又會開花的植物種類較少的遮蔭環境，希望多花一些心思，組合栽種球根、一年生草本、灌木等植物。本單元中介紹的都是特別挑選，種在明亮遮蔭場所就能健康地生長的多年生草本植物種類。非洲鳳仙花就是適合遮蔭環境栽種的指標植物。明亮程度連栽種非洲鳳仙花都會開花，那麼，大部分植物皆可利用。

鞘蕊花屬植物（Coleus）
Solenostemon

非洲鳳仙花　*Impatiens walleriana*
未直接照射陽光也無妨，只要是明亮遮蔭環境，就持續地開花。除白色花、深淺粉紅色花等品種外，還有重瓣品種。

夏菫
Torenia

黑葉鴨兒芹
Cryptotaenia japonica f. *atropurpurea*

四季秋海棠
Begonia Semperflorens-cultorum Group

遮蔭

常綠樹下、北側通道等，一年四季都照不到太陽的場所。

天氣晴朗時還算明亮，但相較於周邊環境，顯得比較陰暗，陰天或雨天更加陰暗的場所。連雜草都不容易生長，植物生長速度緩慢，變化較小，一年四季都維持著相同的景觀。利用斑葉或照葉等植物，感覺就比較明亮。但必須確實作好排水措施，以免環境太潮濕。遮蔭環境適合苔蘚類生長，鋪上明亮顏色的沙礫效果更好。常綠樹旺盛生長，枝葉太雜亂時，必須疏剪枝條或修剪植株以限制生長。

大吳風草

Farfugium japonicum

🍃 💧至💧 ❄強 ☼強 ✿秋

高 50至60 寬 40至50

生長於海岸邊，耐海風吹襲，適應環境能力強。具光澤感的圓形葉片，一年到頭都能欣賞，但寒冷地區栽種時，邁入冬季就落葉。目前有好幾個斑葉品種流通市面，還有開重瓣花品種。罹患病蟲害情形幾乎沒見過。株

葉蘭

Aspidistra elatior

🍃 💧至💧 ❄強 ☼強 ✿春

高 30至70 寬 30至40

適合種在庭園樹木的植株基部，自古採用而廣為熟知的觀葉植物，以斑葉品種為主。栽種大葉品種以形成群生狀態，一年四季都能維持漂亮樣貌，充滿存在感。不喜歡乾燥冷風，寒冷地區栽種時，邁入冬季後葉片易損傷。株

栽種斑葉大吳風草與東瀛珊瑚等植物的高設花壇，斑葉使遮蔭處顯得更明亮。

杜衡
Asarum nipponicum var. *nipponicum*

❄強 ☼強 ✿春
高 10至20 寬 20

以仙客來葉片般心形葉為特徵，葉片上有各種斑紋。成長速度非常緩慢，搭配鋪石或庭園雅石等，構成充滿雅趣，長年都能維持優雅風貌的景致。 株

吉祥草
Reineckea carnea

❄強 ☼強 ✿秋末
高 20 寬 30

名為吉祥草，葉長20cm左右，葉片常綠，充滿生命力。莖部匍匐地面生長蔓延。種在遮蔭環境中，秋末抽出明亮紫色花穗而引人注目。還有斑葉品種，但生長速度緩慢。株

闊葉麥門冬
Liriope muscari

至 ❄強 ☼強 ✿夏末至秋
高 30至40 寬 30至40

促使密生長達30cm的細長葉片，葉片茂盛生長後自然地形成渾圓草姿。秋季抽出細長花莖，尾端開出紫色或白色穗狀花。最廣泛利用的是斑葉品種。新葉展開的春季修剪老葉即可。 株

血水草
Eomecon chionantha

❄強 ☼強 ✿春
高 40 寬 50至60

種在陰暗遮蔭處，開出花徑3至4cm的雪白花朵時，顯得格外耀眼。體質強健，任何土質都適合栽種，地下莖蔓延生長。繁殖力旺盛，植株栽種一、兩年就蔓延好幾公尺。 制 株

蘘荷
Zingiber mioga

至 ❄強 ☼強 ✿夏
高 60至80 寬 30至40

適合種在遮蔭環境的蔬菜種類之一。斑葉品種（圖）就很適合遮蔭環境栽種。質株高挑，必須周延考量栽種場所。地下莖蔓延生長。性喜高溫潮濕環境，太乾燥時停止生長。 株

萬年青
Rohdea japonica

❄強 ☼強 ✿冬（果實）
高 30 寬 40

自古廣為遮蔭環境栽種的草類植物。冬季可欣賞紅色果實。廣泛使用的種類為白覆輪葉品種。需摘除受損老葉。體質強健，幾乎不會罹患病蟲害。 株

虎耳草
Saxifraga stolonifera

至 ❄強 ☼強 ✿初夏
高 30 寬 40

四季常綠的圓形葉片呈放射狀展開，初夏期間開出清新脫俗的白花。不同葉色的品種也流通市面。由親株抽出長長的蔓藤後，尾端長出子株，容易繁殖。 株

玉龍草 *O. japonicus* 'Tama-ryu'

麥冬
Ophiopogon japonicus

至 ❄強 ☼強 ✿夏末
高 5至20 寬 10至30

庭園通道的踏腳石間或花壇邊緣等設施常用，廣泛栽種的是葉片上有白色斑紋的銀龍（紅雀珊瑚）、小型的玉龍草、黑龍（大葉麥冬）等品種。 株

大葉麥冬（黑龍）
O. planiscapus 'Nigrescens'

麥冬（白龍）
O. japonicus 'Hakuryu'

陰暗的通道邊緣常見的玉龍草，可避免雜草叢生。

蝴蝶花（日本鳶尾）

Iris japonica

🍃 💧至💧 ❄強 ☼強
✿春末 高 50 寬 60

種在相當陰暗的場所也能茂盛生長，長出油綠葉片，開出漂亮花朵的耐蔭植物，還有可使遮蔭處更明亮的斑葉植物。植株旺盛生長，易繁衍。 株

台灣寶鐸草

Disporum cantoniense

🍃 💧 ❄普 ☼強 ✿春
高 100 寬 30

南方系寶鐸草的同類。植株高挑，冬季依然枝繁葉茂，葉子具觀賞價值。寒冷地區栽種時，邁入冬季後，地上部分枯死。適合日本關東以西地區栽種。 株

浦島天南星

Arisaema thunbergii subsp. *urashima*

🍃 💧 ❄強 ☼強 ✿春
高 50 寬 50

纖細線狀附屬體酷似浦島太郎的釣線而得名。生長在光線陰暗林地上的奇特植物。雌雄異株，秋季落葉，紅色果實具觀賞價值。地下形成芋頭般大型球根。 株 種

申跋

Arisaema ringens

🍃 💧 ❄強 ☼強 ✿春
高 40 寬 50

浦島天南星的同類。春天開出形狀獨特的深紫色花，再轉變成綠色底，白色縱向條紋的花。花型酷似鐙（馬具）而得佛炎苞（花）的日文名。雌雄異株，受粉後結紅色果實。 株 種

藍地柏

Selaginella uncinata

🍃 💧至💧 ❄普 ☼強 ✿全年（葉）
高 10 寬 100以上

種在遮蔭處時，葉片為藍色，閃耀著金屬光澤，非常漂亮。照射陽光後轉變成茶色。一面分枝，一面蔓延生長而覆蓋住地面。寒冷地區栽種時，邁入冬季就枯死。圖為混種花葉地錦（圖中至右）的情形。 株

野扇花屬植物 *Sarcococca*
常綠植物。株高0.5cm至1m。耐蔭性強，適合遮蔭環境栽種的寶貴品種。春季開花，秋季結果，果實成熟後由紅色轉變成紫黑色。適合以分株方式繁殖。

草珊瑚 *Sarcandra glabra* (*Chloranthus glaber*)
常綠植物。株高0.8m。不喜歡強光，通常種在庭園樹木的植株基部等場所。秋末至冬季結果，果實成熟後轉變成紅色，深具觀賞價值。還有結黃色果實的黃果草珊瑚。適合以實生、扦插方式繁殖。

耐陰性強的灌木

能夠在遮蔭環境下開花的多年生草本植物種類相當有限。因此，建議組合栽種具耐蔭性的灌木（部分小喬木），以美化遮蔭環境的植栽，構成令人心曠神怡的美麗景色。本單元中挑選的都是比較貼近人們生活且具耐蔭性的灌木，大部分為耐寒性較強的植物，但寒冷地區栽種時必須確實作好防寒措施。大多為可透過修剪控制樹型或大小，適合以扦插或分株方式繁殖的植物。

八角金盤 *Fatsia japonica*
常綠植物。株高2m至3m。冬季開花。以碩大掌狀葉為特徵。生長速度緩慢。植株太高大時，於初夏時期修剪成喜愛高度，主幹中途就會長出新芽。建議栽種斑葉品種（圖）。適合以扦插方式繁殖。

山茶花
Camellia japonica
常綠植物。株高3m以上。3至4月開花。花色、花型多采多姿。夏季以後修剪枝條尾端，就會剪掉花芽。適合以扦插方式繁殖。

東瀛珊瑚
Aucuba japonica
常綠植物。株高2m至3m。斑葉品種多，遮蔭環境栽種即可有更明亮的演出。雌雄異株，同時栽種兩性植株，即可欣賞果實。適合以扦插方式繁殖。

馬醉木 *Pieris japonica*
常綠植物。株高1m至3m。品種多，葉色與花色充滿變化。整枝修剪必須於花謝後進行。由長出小枝的位置修剪強勢枝條，即可控制植株生長。適合以扦插方式繁殖。

硃砂根
Ardisia crenata
常綠植物。株高0.3m至1m。秋末結穗狀紅色果實，觀賞期間長。植株高挑，老化後，樹姿易失去協調美感，建議以壓條等方式重新栽種。適合以實生方式繁殖。

紅葉木藜蘆
Leucothoe fontanesiana
常綠植物。株高0.6m至1m。常用品種以斑葉為主，最廣泛採用的是葉片上有白色或黃色斑紋的Rainbow品種。日文又稱西洋岩南天。適合以分株、扦插方式繁殖。

日本茵芋
Skimmia japonica
常綠植物。株高1m左右。厚實且具光澤感的葉片與紅色果實最迷人。雌雄異株，同時栽種兩性植株就能欣賞果實。只栽種雌株時，結果情形不佳。適合以分株、扦插方式繁殖。

十大功勞屬植物
Mahonia
常綠植物。株高0.6m至3m。自古廣泛利用的灌木種類之一。樹高、葉片寬窄、花穗長度各不相同的品種廣泛流通市面。圖為細葉類型。適合以扦插方式繁殖。

冬青
Gaultheria procumbens
常綠植物。株高0.1m至0.2m。別名Gaultheria。結碩大的紅色果實。不喜歡高溫潮濕環境，性喜涼爽氣候，因此，溫暖地區不易栽培。適合以扦插、分株方式繁殖。

紫金牛
Ardisia japonica
常綠植物。株高0.1m至0.2m。生長於海拔較低的山區林地上，秋末結紅色果實。斑葉品種廣泛流通市面。適合以分株方式繁殖。

假葉樹
Ruscus aculeatus
常綠植物。株高0.3m至0.7m。別名Ruscus。看起來像葉子的部分為葉狀枝條，表面長著尖銳棘刺。耐蔭性特別強，雌雄異株。只栽種雌株時，秋季可欣賞紅色果實，但結果狀況不佳。矮性種但結碩大果實的品種（圖）也流通市面。適合以分株方式繁殖。

金邊扶芳藤
Euonymus fortunei
常綠植物。枝條可長達1m以上的蔓性植物。靠氣根往樹木或庭園雅石等設施上攀爬。斑葉品種多。耐寒性強，寒冷地區亦可栽種。適合以分株方式繁殖。

紅淡比樹
Cleyera japonica
常綠植物。株高0.5m以上。斑葉品種（圖）可使遮蔭環境顯得更明亮。生長速度緩慢，不耐乾燥與乾燥寒風。適合以扦插方式繁殖。新芽為紅色。

忍冬（Baggesen's Gold）
Lonicera nitida 'Baggesen's Gold'
常綠植物。株高0.7m至1m。密生黃綠色小葉。照射強光時，易出現葉燒現象。種在陰暗場所時則長出綠葉。適合以分株方式繁殖。

富貴草
Pachysandra terminalis
常綠植物。株高0.2m至0.3m。耐寒性強，寒冷地區亦可栽種。還有斑葉品種。地下莖大量蔓延生長，適合作為地被植物。

多年生草本植物庭園的四季維護管理工作

從栽種方法到繁殖方式，牢牢記住多年生草本植物庭園的基本維護管理作業吧！單元中將一併解說能夠讓植物年年綻放美麗花朵的日常管理訣竅。

面向陽光充足的道路闢建的花壇一角，栽種性喜充足日照，植株大小不一的多年生草本植物，明亮又充滿華麗氛圍。

這樣的植物就叫作多年生草本植物

為了更深入地了解多年生草本植物，更巧妙地納入庭園裡，本單元中對於多年生草本植物的基本知識與應用技巧都有詳盡的解說。

壽命可延續好幾年 每年都開花的植物

栽種後，植株壽命可延續好幾年，每年時期一到就開花的植物就叫作多年生草本植物。

多年生草本植物亦包括球根類與耐寒性較弱的熱帶性草本植物等。多年生草本植物通常一到了冬天，地上部分就枯萎，地下部分則繼續生存，因此，國外又稱多年生耐寒植物（hardy perennial）。

多年生草本植物廣泛分布於世界各地的溫帶地區

以桔梗、黃花龍芽草等秋季七草為首，自生於山野中的植物，大多為多年生草本植物。聖誕玫瑰、福祿考、大紅香蜂草等，原生於國外的植物種類也不勝枚舉，植物分類廣泛涵蓋及菊科、薔薇科、百合科等，分布範圍以溫帶地區為主，自生環境為全日照、遮蔭、乾燥地區、濕地、平地、高原等。了解原產地可作為栽培該種類植物時之參考，但倘若只知道原產地，對於栽種植物則毫無幫助。重點在於原產地區的環境條件，但至目前為止，還有許多難以理解的部分。反之，透過自己栽種的植物也可了解原產地情形，這也是從事園藝工作的樂趣之一。

多年生草本植物的種類非常多，除常綠性、落葉性以及開花期差異外，生長時期、休眠時期也不同，耐寒、耐暑特性、植株壽命長短也都不一樣。國外視為多年生草本植物，日本可能認定為一、兩年生草本植物。

了解優點&缺點

不只是多年生草本植物，任何事物都有優點與缺點，重點是如何活用優點與彌補缺點。

優點 栽種後不需要移植，每年都開花，打造庭園基礎時絕對不可或缺，因為栽種場所關係，有些植物幾乎不太需要維護整理。適合用於打造自然景觀、植株栽培長大後充滿分量感、種類豐富多元等，多年生草本植物別具個性，又富於

主要的多年生草本植物分布圖

變化。因此，可自由地組合栽種也是多年生草本植物的魅力所在。此外，栽種多年生草本植物既可感受到季節變化，又能落實當地成為庭園裡的常客而充滿安定感。

缺點 重點為必須適材適所。愛花的方式因人而異，但種在不適當的環境裡，植物就無法健康地成長或不開花，嚴重時甚至枯死，出現各種狀況。因此，栽種時務必仔細確認日照、土壤與水分。其次，植物若一直種在相同的位置，很可能占據場所，多年生草本植物最容易蔓延生長。栽種生命力較強的多年生草本植物時若疏於維護整理，很可能出現植株過度繁殖或長得太茂盛而演變成雜草叢生的狀態。

植株的生長速度與繁殖方法因植物種類而不同，因此，栽種前必須深入了解植物的特性。往後維護整理時必須付出的勞力，也會因為了解與不了解植物特性而大不同。

確實作好最低限度的維護整理

植株生長過剩或越來越雜亂時，易引發植株倒伏、老化或引發病蟲害等問題，外觀上也不美觀，即便組合栽種會隨著季節而開花的植物，花期的接續、交替也無法順利地進行，因此，必須透過縮剪、修剪、摘心、疏剪等，適時地進行維護整理。挑選生長速度較慢的植物，或處於抑制生長狀態的植物，就不太需要費心維護整理。栽培過程中隨時掌握植物的生長狀況，即可避免植株生長過度。其次，開花期較短的種類也不少，組合栽種彩葉植物或開花期不同的植物，利用一年生草本植物或球根類植物等，構成植物可互補優缺點的植栽型態吧！

高明的多年生草本植物應用技巧

介紹可將多年生草本植物巧妙地納入庭園的應用技巧，重點為深入了解大小與日照條件。

巧妙地組合栽種不同姿形的植物

多年生草本植物如何使用才能達到最理想狀態呢？未知部分還非常多，這部分也是多年生草本植物的巨大魅力之一。但至少必須了解大小（株高、株寬）、草姿，以及適合植物生長的日照條件。

多年生草本植物的草姿截然不同，從枝條修長、植株高挑的種類，到茂盛生長成渾圓狀態的種類，乃至匍匐地面蔓延生長的種類，莖部抽出方式、葉子的生長狀態、形狀、大小、枝條數與葉片數，以及顏色與質感等都不一樣。什麼樣的植物開什麼樣的花、隨著時間出現什麼樣的變化，對於植物的整體印象都有深遠的影響。栽種前必須確實地掌握植物的開花期、旺盛生長期的株高與株寬，對於哪個場所該栽種哪種植物、適當的栽種密度等，都必須有充分的考量、有具體的想法。相鄰植株應儘量栽種不同草姿與質感的植物，以便彼此襯托輝映。

庭園樹木底下栽種大吳風草、富貴草、蕨類植物的遮蔭環境。

栽種日照條件相同的植物

從必須種在全日照環境的植物，到適合種在遮蔭環境的植物，每種植物所需日照條件各不相同。植物對環境的適應範圍也很廣，並無明顯的界線，但組合栽種性喜相同環境的植物，就能構成充滿協調美感，感覺很穩定自然的植栽。

依日照條件栽種的多年生草本植物

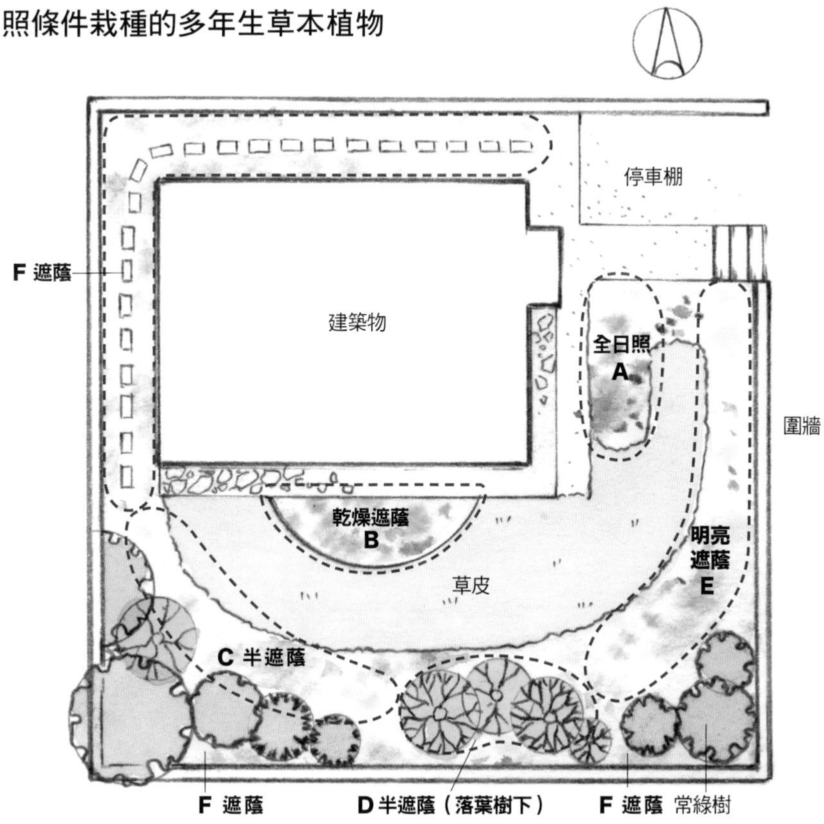

A 全日照　日照時間為半天以上

B 乾燥全日照

銀斑百里香・白蜀葵・老鸛草・石竹　・松葉佛甲草・大戟屬植物・羊耳石蠶等

C 半遮蔭　一天的日照時間為2至3小時

泡盛草・淫羊藿・槭葉蚊子草・孔雀菊・鈴蘭・紫蘭・紫斑風鈴草・花荵屬植物・剪春羅等

D 半遮蔭（落葉樹下）

森林銀蓮花・蝦脊蘭・延齡草・琉璃草屬植物・聖誕玫瑰・荷包牡丹・秋海棠・雪割草等

E 明亮遮蔭　幾乎不會直接照射到陽光，但環境明亮。

葉薊・筋骨草屬・玉竹・小鳶尾・礬根屬・心葉牛舌草屬・野芝麻屬植物等

F 遮蔭

常綠樹下或北側通道等稍微陰暗的遮蔭環境

萬年青・蝴蝶花・麥冬・血水草・大吳風草・葉蘭・闊葉麥門冬・虎耳草等

栽培基本知識

希望多年生草本植物健康地成長，重點是必須挑選生長狀況良好的幼苗，於適當時期栽種。因此，本單元中將介紹幼苗的選法、土壤的處理方法、植株栽種方法等栽培相關基本知識。

幼苗的選法

多年生草本植物栽種後第一年，植株通常都還無法呈現出應有的狀態，務必留意以下事項，儘量挑選生長狀況良好的幼苗，栽種後就會健康地成長。

尋找購買幼苗的地方　適合栽種多年生草本植物的時期以春季和秋季為主，通常時期一到，幼苗就會大量上市。但除非是專門店等，否則，販售的幼苗種類通常都很有限。哪裡才能買到需要的幼苗呢？建議平時就經常逛逛園藝店或網路銷售平台，先鎖定目標。

避免買到軟弱的植株

市面上也會看到採用盆栽方式，而且已經開花的幼苗，但通常是種在育苗軟盆裡的幼苗。春季至秋季期間只長葉子或已經開花的植株，秋季期間沒有地上部分或剛由田地裡挖出等，幼苗的販售型態因季節而不同。初春時期常見促成栽培而植株軟弱的幼苗，應避免選購這種幼苗。建議挑選休眠期確實呈現休眠狀態的幼苗。栽種促成栽培的幼苗時易折損，即便休眠期間已經發芽，也未必會健康地成長。

挑選長出健壯新芽的幼苗　必須挑選新芽健康生長的幼苗。瘦弱幼苗栽種後不可能旺盛生長。芽數多寡隨個人喜好，但其中不乏聖誕玫瑰般，即便芽數少，還是應該挑選新芽長得比較粗壯的種類。

栽種時期

最適當的栽種時期為春分前後至4月，秋分前後至10月。購買種在育苗軟盆裡的幼苗比較有彈性，錯過適當栽種時期，可等下一個時期栽種。

挑選確實熟成，含牛糞、雞糞等有機物的堆肥。

推肥。通常由樹皮、落葉、稻殼等有機物發酵處理而成。

苦土石灰。中和酸性土壤的石灰資材。

腐葉土。挑選確實熟成，已經看不出葉片形狀的腐葉土。

處理土壤（土壤改良）

土壤為植物健康成長的條件之一。於庭園裡未曾種過植物的場所，或新開發的住宅用地上興建花壇等設施時，必須仔細分辨土質，進行土壤改良。植物的根部會呼吸，所以需要空氣（氧氣）。因此，栽種植物時，必須使用透氣性、保水性、排水性俱佳的土壤。

良質土壤中通常都會混入腐葉土或確實熟成的堆肥等有機物，大致基準為每平方公尺混入15 L腐葉土或15 L堆肥（以腐葉土7.5 L、堆肥7.5 L比例混合後使用亦可）。

其次，土壤的酸鹼度也很重要。植物中不乏種在酸性度較高的土壤裡而更健康成長的種類。日本多雨，土壤易傾向於酸性，因此建議每平方公尺撒上100 g苦土石灰以中和土壤的酸鹼度。

繼而，建議以緩效性化學肥料（N－P－K＝8－8－8等）為基肥，每平方公尺施用100 g（施肥步驟請見P.107）。此外，將幼苗種在花壇角落時，可將腐葉土等倒在空曠場所後充分地翻耕。

株距與栽種深度

株距一詞係指栽種兩株以上植物時的植株與植株間距離。考量及植物成長為成株後的株寬範圍，栽種幼苗時，必須間隔適當距離。

栽種深度因植物種類而不同。冬季常綠或以簇生（＊）狀態過冬的半常綠植物（A），必須儘量貼近地面栽種；新芽於地下過冬的植物（B），必須種在可確實隱藏新芽的深度；根莖於最接近地面的淺層土壤中匍匐生長的植物（C），栽種時應避免埋入新芽。

＊葉子呈放射狀展開於土壤表面過冬的生長狀態。休眠芽位於土壤表面。

類型別栽種深度

A類型

西洋櫻草

聖誕玫瑰

黑花老鸛草

B類型

水仙百合

玉竹

荷包牡丹

C類型

德國鳶尾花

老鸛草（Stephanie）

花菖蒲
稍微往下挖，栽種深度低於地面，即可解決土壤易乾燥問題。

地下莖旺盛蔓延的植物栽種時須限制根域

風鈴草屬植物、沼澤鼠尾草、紫葉黃花珍珠菜（Firecracker）等，栽種地下莖旺盛生長後容易蔓延至周邊環境的植物時，圍繞栽種場所「限制根域」，即可省下疏苗等維護管理作業時間。

此實例是將風鈴桔梗屬植物與沼澤鼠尾草，種在埋入浪板後形成半圓以限制根域的花壇裡。兩種植物都很容易蔓延生長，因此，為了避免兩種植物混雜生長，將沼澤鼠尾草種在圍繞著浪板以限制根域的區域。

必備用品
寬30cm至50cm的塑膠浪板或農業用築畦塑膠布等。

埋入浪板形成半圓形花壇，挖好植穴，將浪板繞成圓形後插入土裡。

將挖出的土壤回填浪板圈起的區域。

栽種兩株風鈴桔梗幼苗後，將沼澤鼠尾草幼苗種入浪板圈起的區域。

打造小型花壇

本單元中介紹的是坐北朝南，背對著樹籬，但空曠地帶的日照時間為半天以上的場所。此場所夏季午後日照充足，冬季期間因樹籬遮擋，一整天都處於遮蔭狀態。

必備用品

栽種的植物、土壤改良用腐葉土（每平方公尺施用15L）

＊其他：圓鍬、移植鏟、澆水壺等。

以枕木圍邊的花壇。

植物的選法

希望打造由一個方向欣賞美麗景致的花壇，因此，決定混種大、中、小三種株高的植物，充分考量開花期、花色、株姿、葉色或質感等，挑選出可構成絕佳協調美感的植物。挑選時還依據日照條件、花壇面積等，挑選性質強，但不會過度蔓延生長的植物。

基肥

觀察土壤狀況後施用基肥。此花壇重新放入新土後，加入堆肥等，進行土壤改良，因此，不需要施用肥料，只加入腐葉土。使用緩效性化學肥料時，以每平方公尺施用100g為大致基準。多年未進行土壤改良的場所，每平方公尺施用100g苦土石灰。

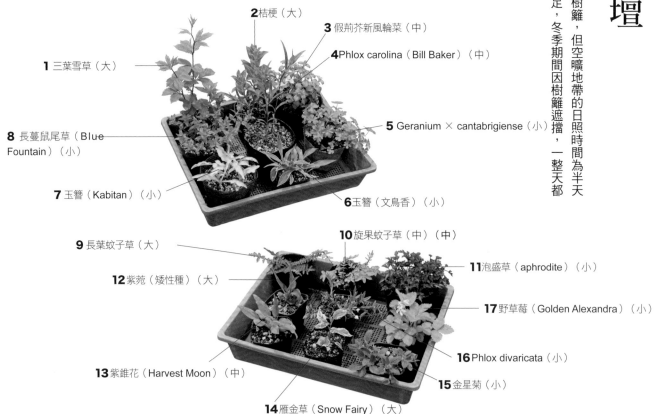

＊2015年5月上旬拍攝　（　）內記載植物大小。

栽種幼苗

進行土壤改良後栽種幼苗。

這是以枕木組成，排水狀況良好的高設花壇，已事先投入鹿沼土等，因此只加入腐葉土。

花壇表面鋪滿厚約5cm的腐葉土。

以圓鍬挖掘花壇內土壤，將腐葉土均勻地混入土壤裡。

一面考量株高，一面組合栽種準備的幼苗，將幼苗擺在栽種位置後，觀察組合栽種情形。

以移植鏟挖掘大於育苗軟盆的植穴。

根部分布狀況良好時，直接種入幼苗，不需要鬆開根盆。

根部雜亂糾結時，鬆開根盆至圖中程度後才種入幼苗。

將幼苗種入植穴後輕壓植株基部。

栽種幼苗後充分澆水。

種好幼苗的花壇。

●多年生草本植物花壇必須經過三年的栽培才會確實地發揮作用。栽種多年生草本植物幼苗後，至少必須經過三年的栽培，才會長成應有的大小與株寬。栽培至第三年，幼苗長大後，植株一年年地增加，即完成值得好好地欣賞的花壇。

視狀況需要進行移植&補植

栽種幼苗後，隔一段時間，先觀察植株的生長情形，再視狀況需要進行移植或補植。種在花壇前方的玉簪疑似出現葉燒現象，決定提早移植至遮蔭環境，空出來的位置改種別的植物。

葉片中央有黃色斑紋，容易出現葉燒現象的玉簪（Kabitan）。

1個月後　花壇左前方的玉簪開始出現葉燒現象。

1 挖出玉簪植株。

2 將玉簪植株移植到遮蔭場所。

3 挖出玉簪植株的位置，先栽種密穗蓼，再栽種植株小巧的雛菊。

4 觀察株寬狀態，左後方補植紫露草（Sweet Kate）。

栽種後5個月左右即邁入秋季，矮性種紫菀開花，設立支柱以支撐小枝。

約4個月後

植株長大，桔梗、紫錐花開始綻放。

栽種喜愛肥沃土壤的植物

花壇裡的芍藥。栽種後三、四年，植株就會長這麼大。

栽種芍藥

芍藥栽種後，四、五年都不用移植，植株越長越大，因此，栽種前，加入腐葉土或基肥的土壤改良作業至為重要。適當栽種時期為9月下旬至10月下旬。栽種後確實完成覆蓋作業。

適合以相同方式栽種的多年生草本植物，紫錐花・鐵線蓮・荷包牡丹・老鸛草等。

必備用品

芍藥苗1株・腐葉土（約6L）・緩效性化學肥料（N-P-K=8-8-8等）・苦土石灰

＊其他：圓鍬・移植鏟・澆水壺

挖掘直徑50cm的植穴，投入腐葉土，加入30g苦土石灰。

以圓鍬混合均勻。

加入50g緩效性化學肥料後混合均勻。

以移植鏟挖掘深度為可覆土至新芽上方3cm至5cm處後擺好植株。

覆土後，修剪花莖。

覆蓋樹皮堆肥。最後，充分地澆水。

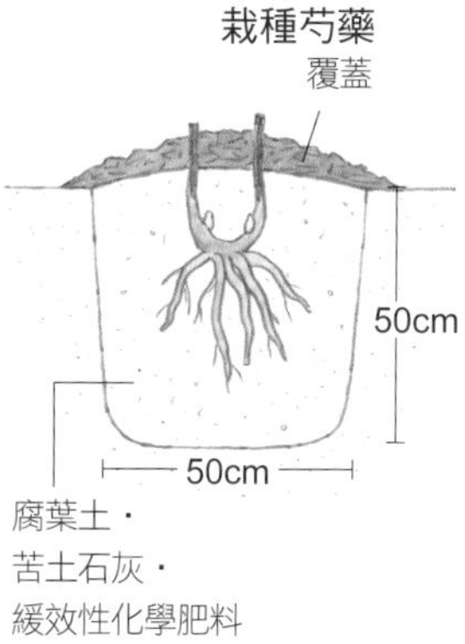

＊**覆蓋**　覆蓋作業具備防止土壤太乾燥、促進根部活動，及邁入春季後促使植物早日發芽等作用。資材方面亦可使用堆肥、腐葉土。

＊**追肥**　好幾年未曾移植的植物，春、秋兩季必須施以追肥。和施用基肥時一樣，以緩效性化學肥料進行追肥。

高設花壇的種類

高設花壇係指「架高基礎的花壇」。架高基礎即可促進排水，讓植物更健康地生長。其次，妥善處理用土後，即便是山野草或不耐高溫潮濕環境的植物也能輕鬆栽培。

由簡易擋土設施構成的高設花壇

黏土質土壤的排水作用較差，希望庭園裡栽種山野草、耐高溫潮濕能力較差的多年生草本植物時，建議打造高設花壇。

以枕木、石塊或紅磚等構成擋土設施，增加花壇高度。花壇越高，排水作用越好，但打造過程比較辛苦，使用紅磚等資材時，還得準備灰泥。事實上，還有更簡單的方法，豎起紅磚、擺好枕木或圓木等，就能構成花壇。採用這種方法時，無法構成很高的花壇，但完成的花壇依然排水良好，能夠確實地發揮高設花壇的作用。

1 使用枕木的多年生草本植物花壇

高於地面10cm左右，只是這個高度就大幅提昇排水效果。以枕木圍邊即構成這處花壇。花壇裡加入客土後，接著投入鹿沼土等，完成土壤改良。以多年生草本植物為首，原本生長在山野等場所的山野草等，大部分植物都健康地生長。

P.104介紹的花壇。

2 設置在人工地盤上的圓木花壇

由圓木組合而成，設置在水泥地上的花壇，土壤深度約20cm，適合露台或屋頂等設施的應用實例。但屋頂庭園採用時，必須確實作好防水措施等，因此，採用前先與園藝公司詳談吧！

3 豎起紅磚就完成的山野草花壇

紅磚縱向擺放後並排，其中一半高度埋入土裡的高設花壇。花壇裡放入適合栽種山野草的土壤（以小粒鹿沼土4・小粒輕石4・腐葉土2比例混合的土壤）。栽種龍頭花、長白山樓斗菜等栽培難度稍微高一點的山野草。溫暖地區採用時，設置高度約30cm的高設花壇，連耐高溫潮濕能力較差的大部分山野草都可栽種。

龍頭花

下挖式山野草花壇

往下挖掘地面後，放入適合栽種山野草的土壤，採用這種方式也能構成排水良好的花壇。挖出的土壤可用於構成庭園的高低差，堪稱一舉兩得的作法。這裡介紹的是專為山野草打造的花壇。

必備用品

中粒輕石・中粒桐生砂・腐葉土等。

往下挖掘地面30cm左右後踩實土壤。

倒入輕石、桐生砂後混入土壤裡。

添加腐葉土，倒入輕石等，再均勻地混入土壤裡。

周圍配置石塊等，避免園土混入花壇用土。再添加用土後即完成花壇。

三年後的下挖式花壇一角。栽培難度較高的老鸛草也蓬勃生長。

充滿季節變化的 多層次植栽

多年生草本植物中，花期長的種類很少，花期結束後，只留下開過花的植株。想不想利用一個花壇，打造一個會隨著季節變化，陸續開出漂亮花朵的多層次植栽呢？

小庭園變成了花團錦簇的花田，而且只需要最低限度的維護整理

自然意趣的花田風植栽 好處多到數不完

以多年生草本植物為中心，組合栽種一・二年生草本、球根類、小喬木等植物，採用混植方式的花壇，各色花草隨著季節變化而繽紛綻放，構成令人不由地想起山野花田的美麗風景。充滿變化，具安定感，每年都以相同的週期運作著，植物共生共榮，確保一定的生態平衡。除可更有效的活用空間外，還可省下維護管理的時間，與抑制雜草生長、保全地力也息息相關。

活用生長特性 栽種不同種類的植物

多層次植栽係指由2層、3層植物構成的植栽狀態。例如：下層栽種喜歡生長在地下深處的水仙等球根類，中間層栽種夏季休眠的櫻草類，上層栽種夏季至秋季開花的紫菀屬等植物，構成多重的植栽狀態。但採用此方式時，必須周延規劃，微微地錯開長出新芽的位置。確實掌握各種植物的生物週期，挑選生長期與開花期各不相同，能夠互利共生的植物。

其次，除考量地上部分的協調美感外，地下部分也必須周延考量。直根性與多鬚根性植物、深入地下的球根類、接近地表茂盛生長的草花類等植物，是比較容易搭配栽種的組合。避免一開始就種滿幼苗，建議留下充分的空間，陸續地追加栽種。

重複疏苗&補植 慢慢地建構理想的植栽

必須構成共生共榮的植栽環境，但栽種幼苗後若放任生長，將演變成強勢植物茂盛生長，弱勢植物逐漸消失的後果。因此，植株開花後應及早進行修剪，以確保緊接著開花的植株生長空間與日照。其次，容易蔓延生長的植物必須進行疏苗或拔除植株，空出來的位置則栽種不同種類的植物。繼而仔細觀察一整年的生長狀況，陸續補植無花時期會開出美麗花朵的植物，截長補短依序完成理想的植栽。

花壇形成高低差或坡度，更容易形成互利共生狀態。活用地被植物，儘量避免裸露地面，維護整理時更省力。

由春季轉換至夏季的花田

（面向道路的東南向庭園）

早春 雲龍櫻、小葉瑞木、毛櫻桃（中央）開花，早春開花種植物開花時景象。左起：森林銀蓮花・風信子・聖誕玫瑰・水仙類等，右側還可看到三葉委陵菜的黃色小花。

多層次植栽實例

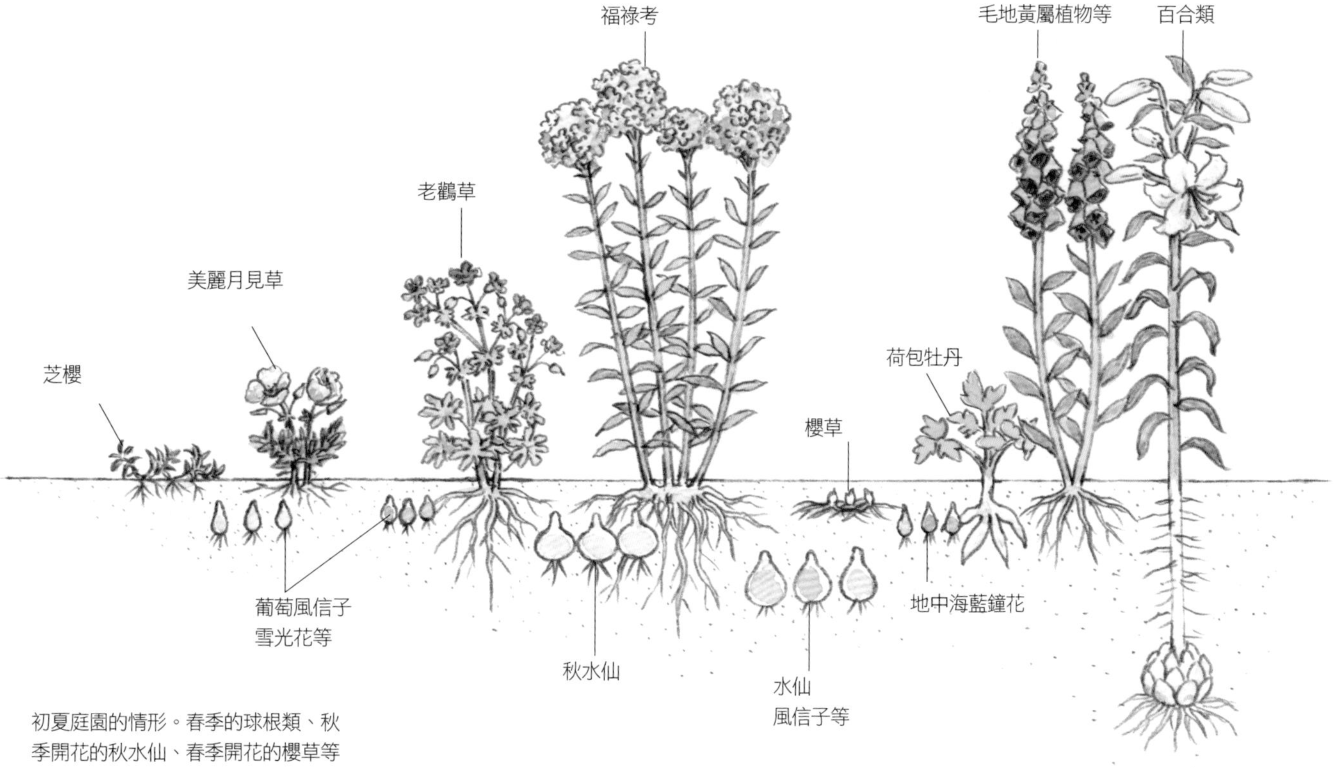

初夏庭園的情形。春季的球根類、秋季開花的秋水仙、春季開花的櫻草等植物休眠中。初夏植物在球根上方開著美麗花朵。

初夏 左側的福祿考長大後遮擋了小葉瑞木，光千屈菜也開始綻放。中央、右側的黃花為千瓣葵（向日葵屬），朱紅色花為射干菖蒲屬植物。長出紅色新芽的是Acer crataegifolium。道路旁栽種植株較矮，開藍色花的藍雪花。

春末 左上方的福祿考欣欣向榮地生長，底下的貓薄荷開花了，大飛燕草抽出天藍色花穗。白色小花為夏雪草，開淺粉紅色花的是老鸛草，右邊的常夏石竹也開花。右前方種著野草莓。

夏季 福祿考、金光菊、光千屈菜、千屈菜、向日葵等植物陸續開花，熱鬧繽紛的夏季庭園。枯萎的夏季庭園很常見，精心栽培而成功打造了這座花團錦簇的花田。

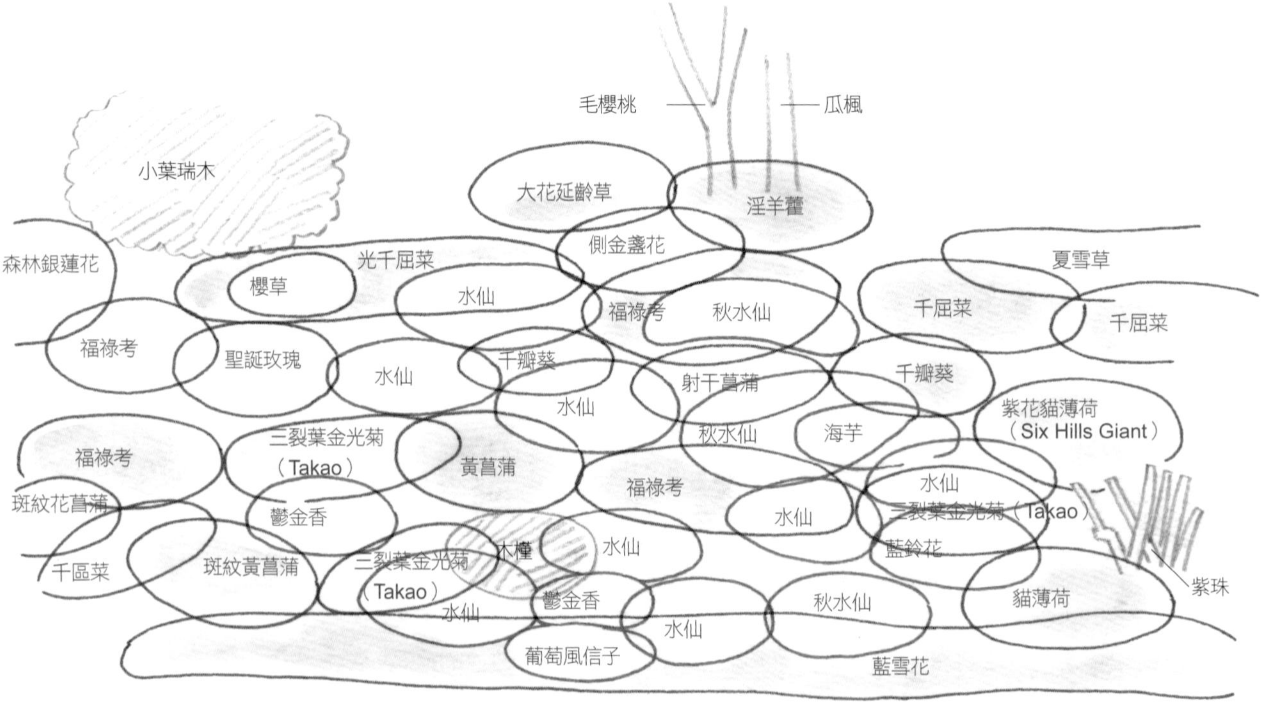

植栽圖 ＊混植於花壇中的主要植物。藍字表示多年生草本植物，紅字表示球根植物。

試試看吧！多層次植栽

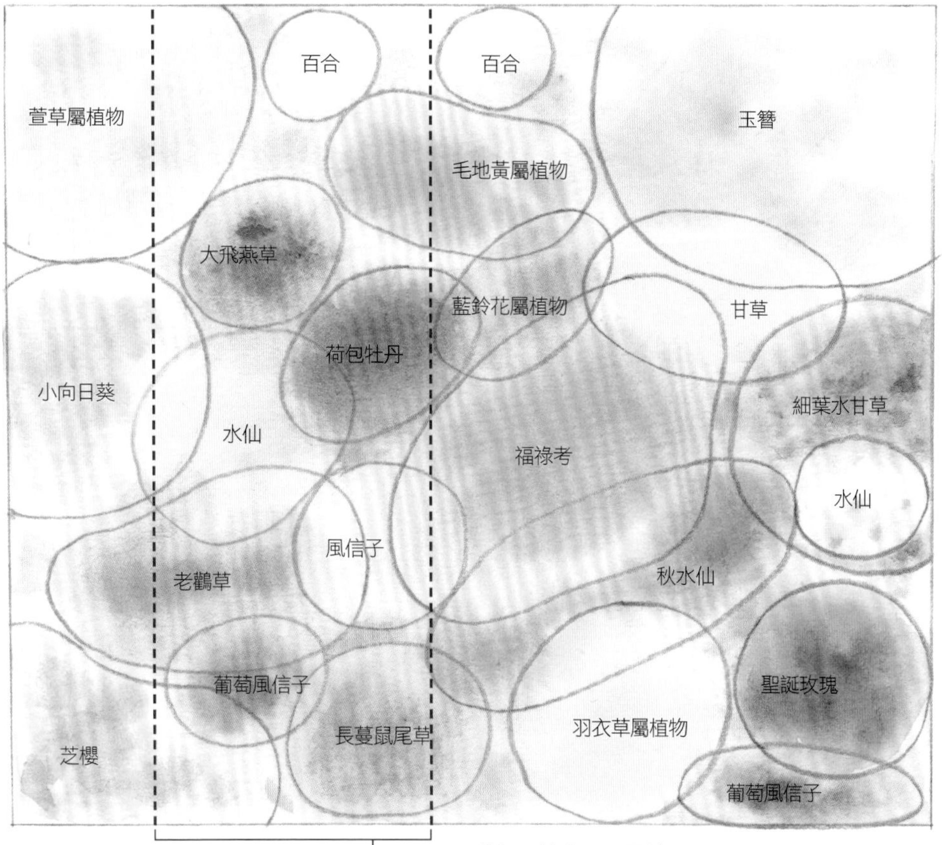

＊此部分植栽正面圖請見P.114。

參考　植栽圖

以邊長2m左右的正方形空間為範本，介紹多層次植栽方法。想不想在自己的庭園裡應用看看呢？

先栽種大型種 再配置中型種至小型種

決定大型種與灌木類等植物配置後開始栽種。這部分既是花壇中央的植栽重點，也是構成背景的重要部分。栽種前及早確定山防風等直根性植物、三月花葵等根部粗壯的植物、地下莖蔓延生長的植物等植株的栽種位置。

挑選中型種至小型種植物時，充分考量草姿與開花期。栽種任何植物都必須確保球根類與短命多年生草本植物的生長空間。

經過多年的栽培後，植株漸漸長大，球根類繁殖後容易相互重疊。春季開滿水仙花的花壇，一到了夏季，就繽紛綻放著福祿考與小向日葵等花朵，光千屈菜、大紅香蜂草等植株間的甘草與秋水仙也陸續開花。

透過修剪&疏苗&補植 控制植株生長

為了確保植物的均衡生長，避免植株生長得太旺盛，必須確保空間，避免枝葉長得太茂盛。右側的植株，植株越來越茂盛時，修剪掉一半等，一面觀察相鄰植物的生長狀況，一面抑制成長速度太快或太強勢的植株生長。精心處理後依然出現植物相互競爭態勢時，必須拔除該部分，騰出空間或視狀況需要補植其他植物。

於既有花壇栽種球根類，與一、二年生草本植物

已廣泛栽種各種多年生草本植物等植株的既有花壇，組合栽種能夠在無花時期，或多年生草本植物休眠期，開出漂亮花朵的球根類或一、二年生草本植物。

善加利用多年生草本植物的植株與植株之間的空間，挖好植穴，栽種球根或種在育苗軟盆裡的幼苗，或直接播種。

栽種後也必須針對容易蔓延生長或強勢生長的植物，進行修剪或疏苗以抑制生長。亦可栽種於植株基部匍匐生長，或植株低矮的地被植物等，譬如說，自然混植玉簪與斑葉羊角芹，即可漸漸地進化成充滿立體感又很有深度的花壇。

出現這麼大的轉變！ 多層次植栽的春季＆初夏（P.113花壇的一部分）

春季

球根類植物開花，荷包牡丹抽出長長的花穗迎風搖曳著。初夏開花的多年生草本植物開始長出新芽。

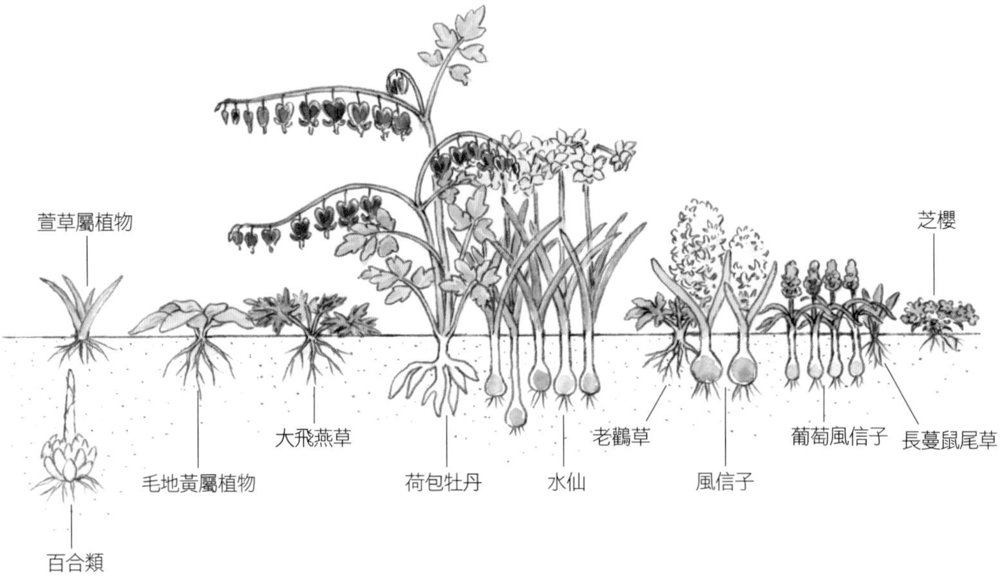

初夏

球根類進入休眠期，初夏的花卉爭豔。

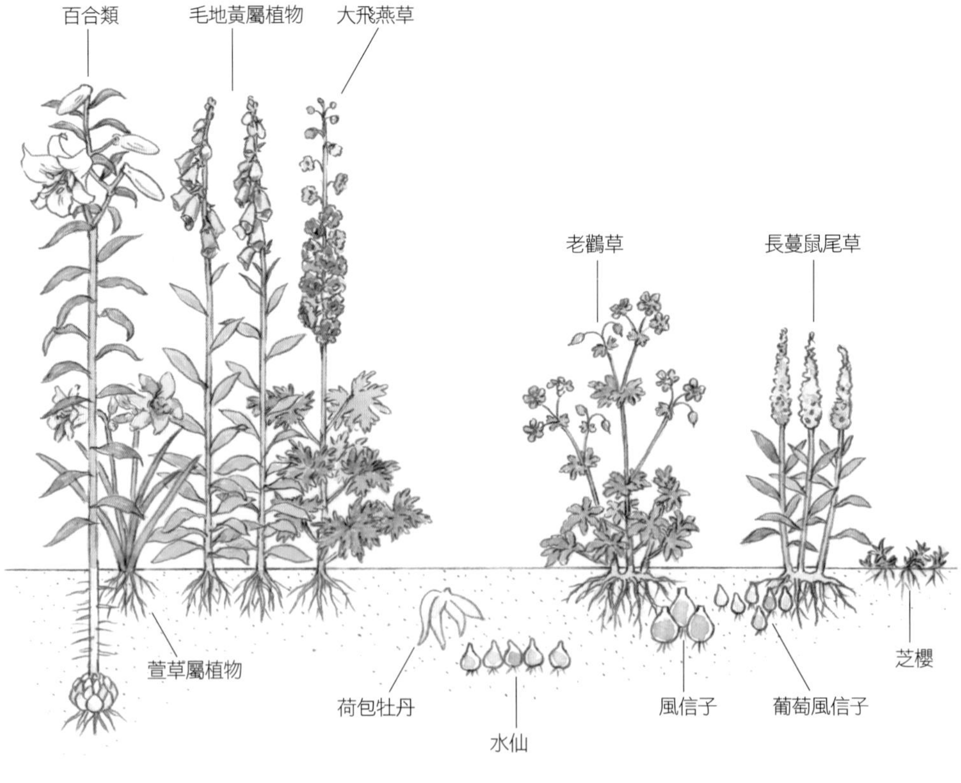

適合採用多層次植栽方式的植物

多年生草本植物

春季開花 森林銀蓮花・淫羊藿・大花延齡草・聖誕玫瑰・櫻草・夏雪草・石竹・藍堇菜・側金盞花・岩白菜屬植物・三葉委陵菜（翻白草屬）等。

春末至初夏開花 百子蓮屬植物・鬼罌粟・黃菖蒲・貓薄荷・老鸛草（Johnson's Blue）・Geranium sanguineum var. striatum・德國鳶尾花・大飛燕草・斑葉玉竹・斑紋黃菖蒲・斑紋花菖蒲・長蔓鼠尾草屬植物・石生委陵菜・巴西水竹葉・大紅香蜂草・山防風・野草莓等。

夏季開花 紫錐花・黃花龍芽草・桔梗・黃山梅・千瓣葵（向日葵屬）・單穗升麻・博落迴・福祿考・光千屈菜・黑心金光菊・藍雪花等。

秋季開花 黃花咸豐草・紫菀屬植物・多年生草本萬壽菊・Schizostylis・三裂葉金光菊（Takao）等。

福祿考

黃花蒼蔥

秋水仙

球根植物

春季開花 番紅花屬植物・小花仙客來・水仙・雪花蓮・雪光花屬植物・鬱金香・ 紫燈花屬植物・風信子・西班牙藍鈴花（西班牙風鈴草）・藍條海蔥屬植物・葡萄風信子等。

春末至初夏開花 黃花蒼蔥・海芋等。

夏季開花 鹿蔥・射干菖蒲屬植物・夏風信子・夏水仙・鳳梨百合等。

秋季開花 秋水仙・常春藤葉仙客來・黃花石蒜・甘草等。

觀葉類

朝霧草・斑葉羊角芹・玉簪・禾草類・黑葉鴨兒芹等。

以盆栽栽培多年生草本植物

盆栽方式也能享受多年生草本植物的栽培樂趣。本單元中對於栽種方法，及用土、日常管理都有詳盡的介紹。

盆栽用土

栽培多年生草本植物時，必須依據植物特性，使用適合該植物的栽培用土。體質強健的植物使用保水效果良好的用土，一般特性的植物使用排水、保水效果俱佳的用土，性質較弱或耐高溫潮濕環境能力較弱的植物，基本上必須使用排水效果良好的栽培用土。

保水效果良好的用土　以小粒赤玉土7、腐葉土3比例調配的栽培用土。

排水、保水效果俱佳的用土　以小粒赤玉土4、小粒鹿沼土3、腐葉土3比例調配的栽培用土。

排水效果良好的用土　以小粒鹿沼土4、小粒輕石4、腐葉土2比例調配的栽培用土。

其次，使用赤玉土與鹿沼土時，選用硬質類型，比較不容易劣化，而且可維持較久。使用的腐葉土則需確實熟成處理。

使用肥料則需避免混入栽培用土。採用盆栽方式時，大多於植物生長期的春季與秋季施肥，以施於盆土表面的置肥與液體肥料用法較簡單。

以盆栽方式栽培的百子蓮（左前、中）與福祿考（右後）。

排水效果良好的用土

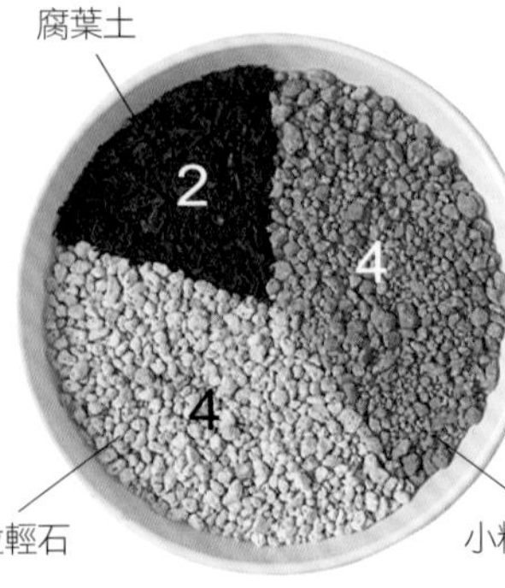

性喜乾燥環境的全日照或適合在半遮蔭（落葉樹下）環境中生長的山野草。耐熱能力普通或較弱的植物。

保水、排水效果俱佳的用土

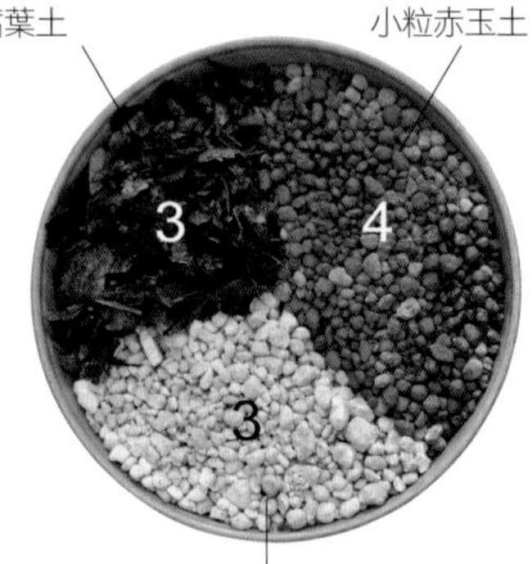

適合全日照、半遮蔭、明亮遮蔭、遮蔭等環境栽種的各種植物。需要適度潮濕土壤的植物。

保水效果良好的用土

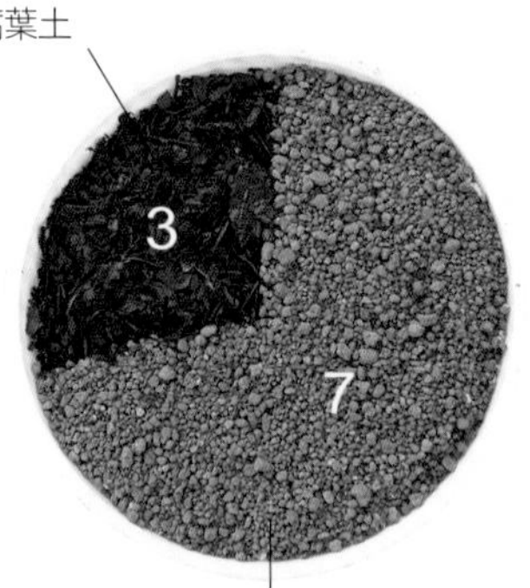

體質強健，性喜充足日照，旺盛生長的植物。地下莖蔓延生長，必須限制根域的植物。需要感覺潮濕或適度潮濕土壤。耐暑、耐寒能力都很強的植物。

栽種方法（例／百子蓮）

以百子蓮為例，介紹最基本的栽種方法。

必備物品

花盆（6號）・粗粒盆底土＝中粒鹿沼土・栽培用土（以小粒赤玉土4、小粒鹿沼土3、腐葉土3比例調配的用土）・盆底網・栽種的植株（3.5號育苗軟盆）。

需要鬆開根盆嗎？

植物根部可大致分成重疊也不會腐爛與易腐爛的種類。根部腐爛時必須鬆開根盆。百子蓮屬於不會腐爛的種類，但根部易折斷，因此不需要鬆開根盆。

倒入粗粒盆底土至距離盆底2cm至3cm處。

倒入用土至花盆深度的½處。

由育苗軟盆取出栽種的植株。

根部易折斷，因此，不鬆開根盆就將植株放入花盆裡。

往根盆周圍加入用土。

預留2cm左右的儲水空間。

充分澆水後即完成栽種作業。

日常管理

置放場所　依據植物喜愛的日照條件決定置放場所。但炎熱的夏季，即便喜愛日照的植物，也必須移往比較涼爽的半遮蔭場所。

澆水　盆土表面乾燥後，充分澆水至盆底出水為止。夏季期間最好於涼爽的早晨澆水，冬季期間則以溫度回升的中午前比較適合澆水。但冬季期間澆水必須更慎重，乾燥時才澆水以免盆土太潮濕。

肥料　與直接種在庭園裡的情形截然不同，採用盆栽方式時，除了土量有限外，肥料成分也容易隨著日常澆水而流失，因此，生長期間必須定期施肥。施肥時期以春、秋季為主，以液體肥料（N－P－K＝6－10－5等）或緩效性化學肥料（N－P－K＝8－8－8等）為置肥，將肥料施於花盆邊緣。初夏期間停止施肥以免肥料成分殘留至夏季。

移植　以盆栽方式栽培多年生草本植物時，易出現根部阻塞情形，因此，生長旺盛的植物必須每年移植，其他大部分植物以兩年一次為大致基準，於春季或秋季進行移植。

生長期以緩效性化學肥料等為置肥，靠近花盆邊緣定期施肥。

準備齊全更便利的肥料&工具

本單元將介紹施用後即可促使多年生草本植物每年都開出漂亮花朵的肥料，及維護整理庭園時的必要工具。

依據目的區分使用肥料

有效地使用肥料的優點是能夠促進開花，促使植株更健康地生長，若肥料施用過度時，易栽培出軟弱植株，導致植株倒伏或太悶熱。因此，一開始應少量施用，仔細觀察施肥後情形較安全。

施肥種類可依據目的分成栽種時施用的基肥、成長時期施用的追肥與寒肥等。花期較長的植物可能於開花中途施用追肥。

肥料的種類

含有機成分的肥料。適合作為基肥或冬季期間施用的寒肥。

緩效性化學肥料（小粒）的種類。以肥料成分為N-P-K＝8-8-8等為基肥或追肥，混入土壤後使用。

發酵油渣處理而成的固體肥料。適合作為基肥、追肥、寒肥。施肥方法請參照P.121。

速效性液體肥料。適合作為盆栽的追肥，溶解於水中，依規定稀釋後使用。

必要工具的種類

介紹打造多年生草本植物庭園前最好能準備齊全的工具。

圓鍬（鐵鍬）
翻動花壇裡的土壤，或挖掘植株時都會使用到。

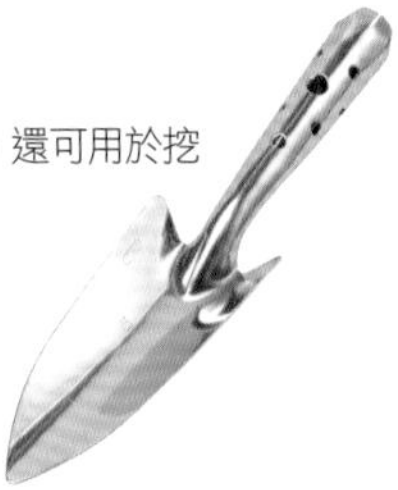

移植鏟
除栽種幼苗時使用外，還可用於挖掘扎根較深的雜草。

挖掘植穴等，栽種植物時不可或缺的工具。

園藝剪
修剪殘花、插芽或伏根繁殖作業中都會使用到的工具。

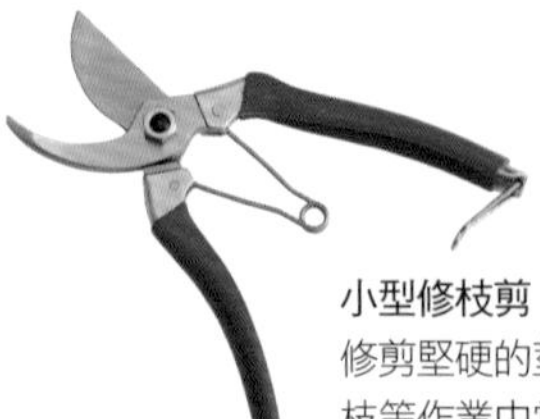

小型修枝剪（剪定鋏）
修剪堅硬的莖部或粗壯的花莖、分枝等作業中常用工具。

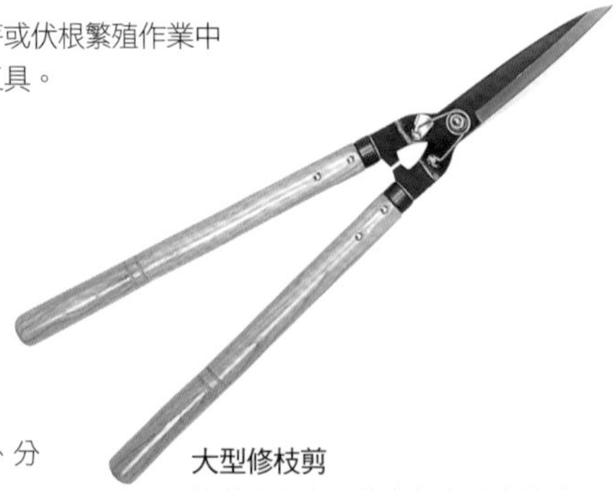

大型修枝剪
修剪直立生長的多年生草本植物，或冬季期間整理植株基部等狀況下使用的便利工具。

修剪大型種植物時，使用大型修枝剪更便利。

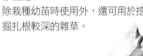

庭園維護管理行事曆

1·2月

當月的多年生草本植物

一年之中最寒冷的時期。除了冬季開花的聖誕玫瑰與果實類等植物外，整座庭園呈現枯萎狀態，大部分多年生草本植物的地上部分枯萎，葉片呈現簇生狀，緊貼地際生長，處於休眠狀態。常綠植物也處於停止生長狀態，但大部分為需要冬季低溫催化，以便開春後的成長與開花，甚至有必須接觸寒冷天氣才會開花的種類。

植株上覆蓋著靄靄白雪的聖誕玫瑰。

以稻殼覆蓋植株基部，避免植株遭霜柱傷害。

主要的管理作業

防霜設施

多年生草本植物的耐寒能力通常都很強，於地下靜靜地處於休眠狀態與緊緊地扎根的植株，不需要防寒措施。需要防霜與覆蓋的是植株還小、根部較少等狀況下。出現這些狀況的植株易因霜柱而浮出土壤表面，因為強烈寒風而損傷。圍繞防霜設施時，必須覆蓋北側，打開南側以便照射陽光。塑膠布等設施呈密閉狀態時，內部易呈現悶熱狀態，不利於植物的生長。鋪稻草、木片、落葉等也是保護植株的最有效辦法。

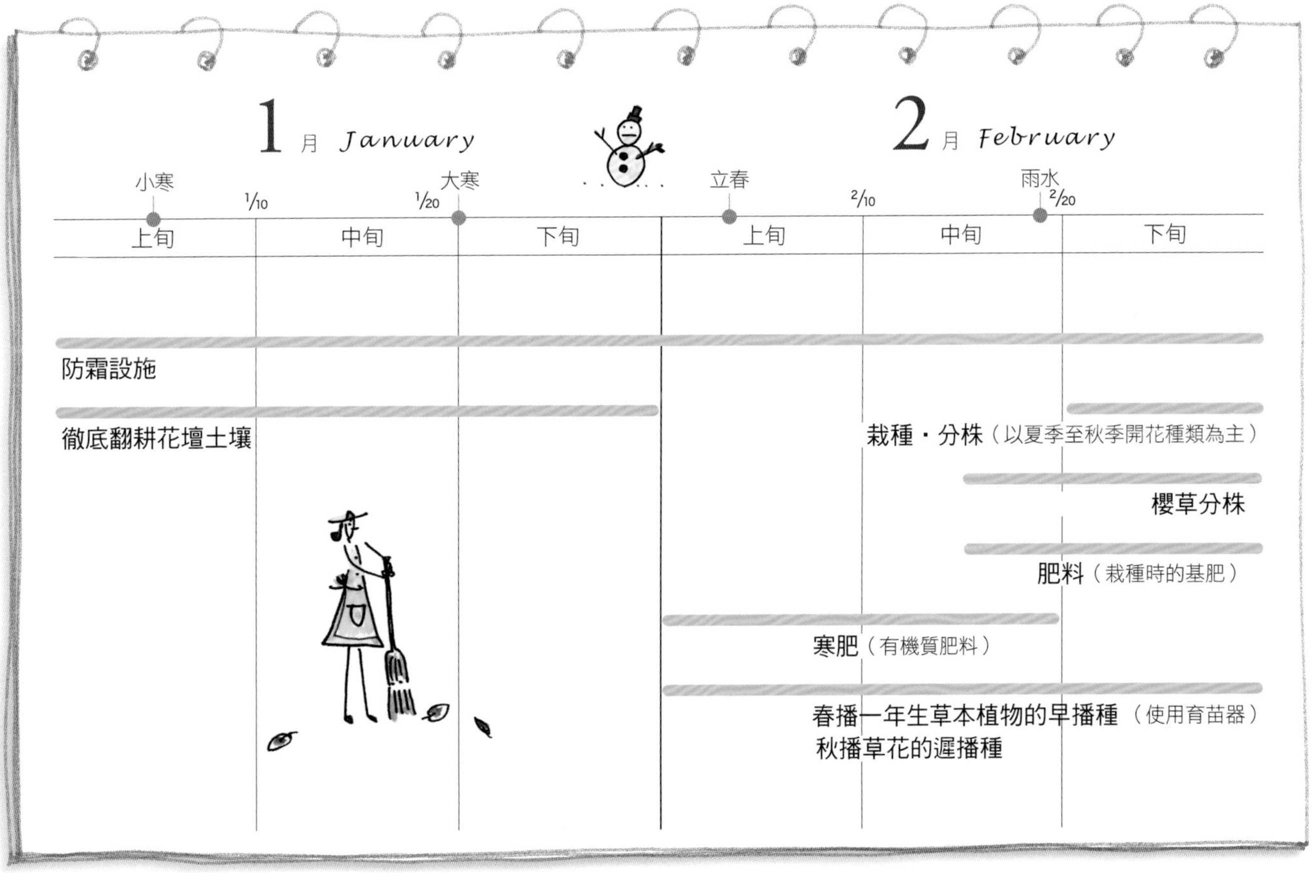

庭園日誌。記錄發現的問題，附上圖片，有助於擬定隔年的花壇計畫。

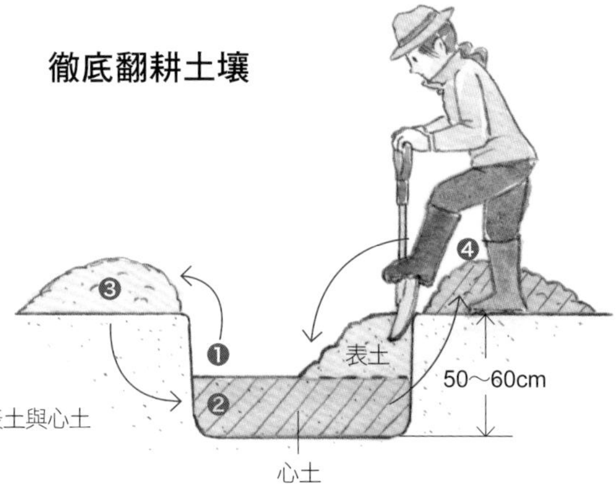

翻耕表土與心土

徹底翻耕花壇土壤

深度30cm以上表土，與底下心土的互換作業，就叫作徹底翻耕土壤作業。於相同場所栽培相同種類的植物時，幾年後，植株的生長活力就會越來越衰弱，容易罹患病蟲害的情形也很常見。此現象又稱忌地現象、連作障礙，徹底翻耕土壤的主要目的，就是為了預防此現象發生。此作業通常針對採收作物後的田地進行，目的為改良土壤。栽種多年生草本植物時，可於分株或移植時進行；預定於春天闢建花壇時，最好於冬季期間進行。進行土壤改良時，必須挖出深層土壤，添加腐葉土後充分地翻耕。

擬定年度栽培計畫

新建花壇作業通常於春季期間展開。冬季期間廣泛閱讀園藝相關雜誌、圖鑑、種苗公司的型錄等，先了解一下想栽種、栽培的植物特性，擬定計畫時更便利。

花壇使用多年後，一定會出現許多必須改善或檢討的問題，應避免一次就改善所有問題，最好先排出「希望今年改善」等先後次序，擬定周延的計畫。記錄也非常重要，簡單地記錄花壇狀況與主要植物的四季生長狀態後存檔，即可作為擬定計畫的重要依據。

栽種・分株

植物邁入休眠期後即呈現停止生長狀態，植株的負擔減少，因此，在作業能夠順利推展的狀態下，等邁入3月份後採行亦可。只要是新芽在地底下過冬的植物皆可等待，常綠植物或簇生等有地上部分的植物，皆可於3月以後進行。需要及早進行的植物為櫻草，因為，一到了3月，櫻草的新芽與根部已經開始生長，休眠期為最適當作業時期。尤其是盆栽，都必須進行分株、移植。

寒肥

由春季發芽或開始成長時期起，效果就漸漸地呈現出來，於休眠期間施用的肥料就是寒肥。除多年生草本植物需要外，玫瑰等花木類也必須施寒肥。希望施肥效果隨著氣溫上升而呈現出來時，可將固體有機質肥料等緩效性化學肥料，淺淺地埋入植株基部周邊的表土裡，施用拇指大小的肥料時，使用分量的大致基準為每30平方公分埋入3顆至5顆肥料。新芽長出後才施肥，有些植物可能出現植株軟弱或容易倒伏等情形，因此，最好及早施肥以便栽培出健康又均衡生長的植物。

櫻草分株（盆栽）

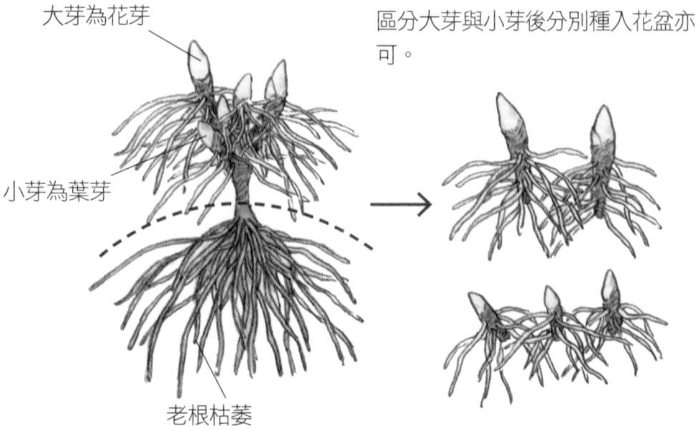

櫻草

秋播一年生草本植物喜林草。

秋播一年生草本植物柳穿魚草。

寒肥的施肥方法　例／玉簪

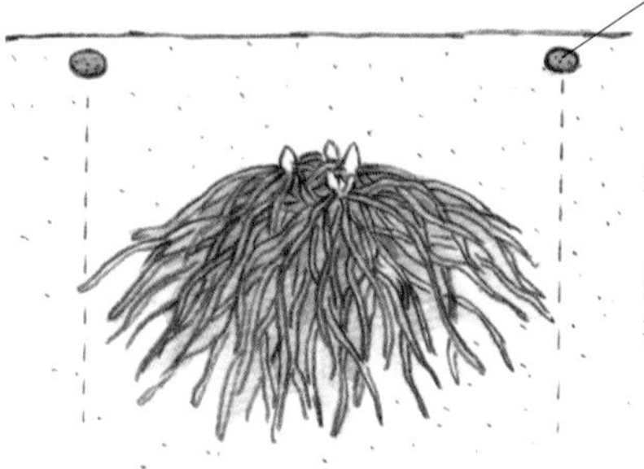
固體有機質肥料
埋入根部尾端附近（相當於葉子展開後的葉尾位置）的表土裡。
以30平方公分施用3個至5個為大致基準，淺淺地埋入拇指大小的有機質肥料。

秋播草花的遲播要領

適時地播下秋播一年生草本植物的種子後，春天來臨時就開花。太晚播種時，植株還沒長大就開花，因此，花數較少，花也開得不漂亮。利用簡易保溫設備或溫暖的窗邊等，促進發芽後，即可於3月份栽種。以4月至6月開花的一年生喜林草或柳穿魚草等植物的種子試試看吧！相較於秋播植物，株幅較小，因此，適合採用密植方式（播種方法請參照P.136）。

盆栽的管理作業

盆栽已進入休眠期，因此不需要特別的維護管理。將常綠植物置於日照充足的場所，落葉植物擺在不會吹到風的遮蔭處或屋簷下等更容易維護管理的場所。澆水方法請參照下段的「冬季澆水訣竅」。聖誕玫瑰的幼苗等，生長過程中的常綠植物，必須定期地施以稀釋液體肥料等。

試試這種栽培方式吧！

促進秋植球根類盆栽早日開花

年底至過年期間，水仙、鬱金香等，春季開花的秋植球根類盆栽大量上市。這類盆栽都是放進冰箱等冷藏設備，經過一定冷度的催化後，才移入溫室裡以促進開花，讓植物誤認為「冬季過去了，春天已經來臨」，以促成栽培法促進開花。時間早晚因植物種類而不同，但將12月至1月期間充分地接觸過寒冷自然環境的盆栽，擺在溫暖的室內窗邊，即可促進開花。水耕栽培的風信子等植物也一樣，低溫期間太短，就無法開出美麗花朵。

將秋植球根盆栽置於溫暖的室內窗邊，就能早一點欣賞到美麗的花朵。圖為風信子（右）與鬱金香（左）。

冬季澆水訣竅

冬季期間天氣持續放晴時，盆栽容易乾燥。盆栽擺在會吹到來自太平洋的乾燥冷風的場所時，更需留意。植物處於休眠狀態，因此，不太需要水分，但應避免用土完全乾燥，尤其是處於生長狀態的聖誕玫瑰等常綠植物，必須更確實地澆水。最好於中午前澆水，以免傍晚以後，植株上還殘留多餘的水分。於地下處於休眠狀態的植物，擺在不會吹到風的遮蔭場所比較安全。擺在防霜設施下或簡易保溫箱裡也容易乾燥，因此，平時就必須仔細地觀察。

3 月

當月的多年生草本植物

日照增強，春天的感覺越來越明顯。季節交替時，溫差也變大，有時候很溫暖，有時候又突然變冷，上旬與下旬的氣溫大不同。於初春時節開花的報春蕃紅花等，小球根類植物陸續開花，聖誕玫瑰迎接開花全盛時期的到來。休眠於地下的多年生草本植物類的根部蠢蠢欲動，新芽也漸漸長大。

沐浴在陽光下，聖誕玫瑰開花，老鸛草也開始長出葉子。

主要的管理作業

栽種・分株

植物開始成長時期，適合栽種盆苗、進行植株移植、芽數增加的植株進行分株或移植的時期。新芽與新根開始成長，因此，植物比較快扎根，植株順利地成長。依據植物特性，栽種場所混入腐葉土等有機物質後翻耕以促進排水。仔細確認植株狀態、新芽位置與芽數，調整植株間距與栽種深度。栽種後至確實扎根為止，需避免土壤太乾燥，觀察植物的生長狀況，充分地澆水（栽種方法請參照P.102、分株方法請參照P.126）。

遲霜對策

植物處於休眠狀態時，無論耐凍結能力多強的植物，春天期間冒出新芽後，都很容易遭受凍傷或

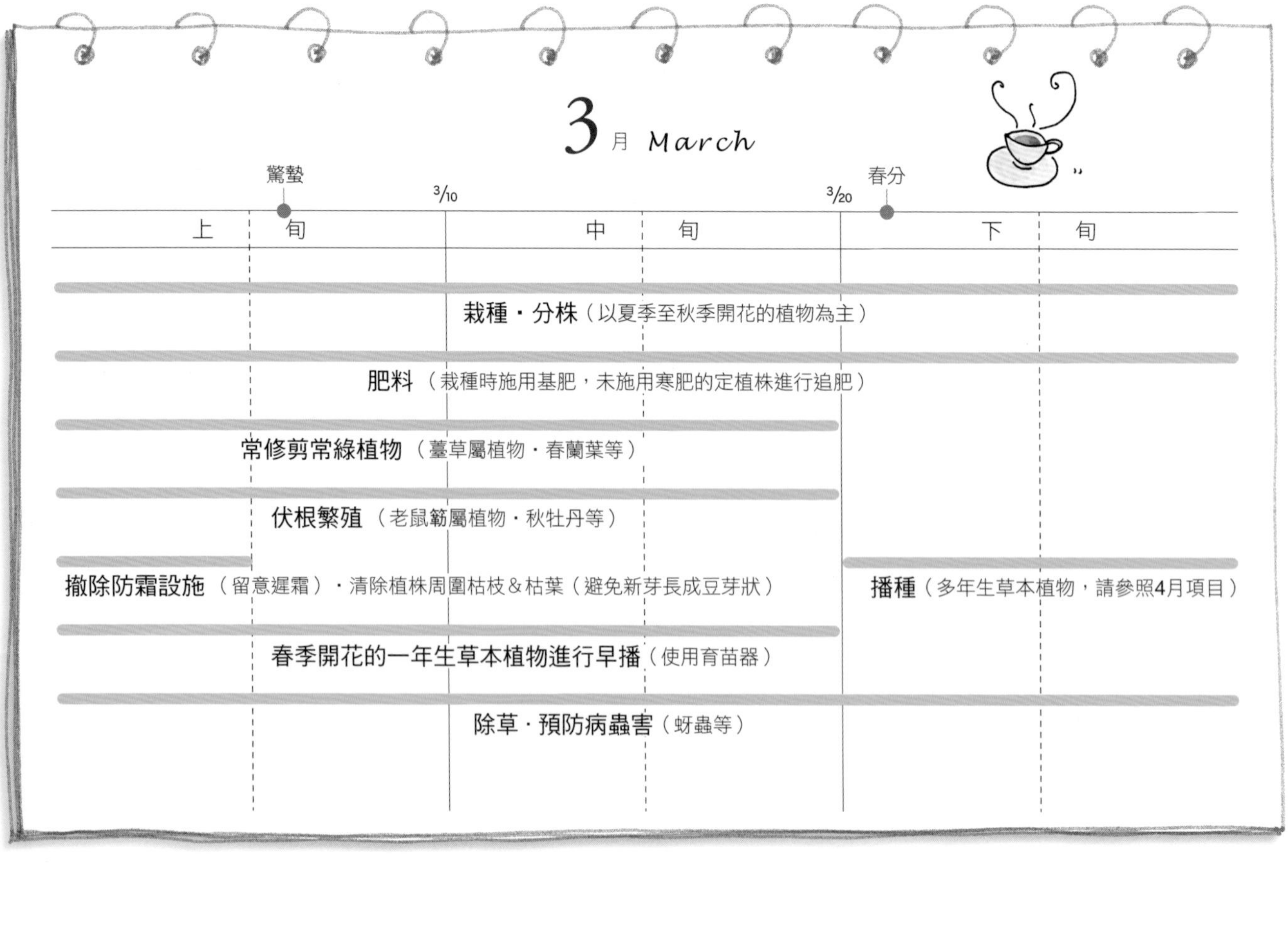

聖誕玫瑰植株基部可看到許多掉落的種子發芽後情形。

薹草屬等禾草類植物由地際修剪。修剪後一個月的情形。新葉蓬勃生長。

以緩效性化學肥料為置肥，施於花盆邊緣。

覆蓋不織布，確實作好遲霜對策。天氣預報會下霜的前一天就覆蓋不織布。

霜害。泡盛草、玉簪、紫蘭等植物長出的葉片與花蕾都很柔軟，遭受霜雪等寒害就枯萎。實際狀況因地區而不同，因此，必須留意下霜相關報導，確實作好防霜對策。傍晚覆蓋不織布後確實固定以免被風吹走。覆蓋兩層不織布更安心。

肥料

邁入成長期，針對希望新芽長得很粗壯的植物、夏季期間長得枝繁葉茂的植物進行施肥。但春季開花，開始長出花蕾的植物，開花期間易倒伏，必須依據植物種類增減施肥量。秋季開花的球根類也一樣，長出花蕾後，至開花為止，都不施肥，開花期過後才施禮肥。適合使用肥料為化學肥料（N－P－K＝8－8－8等）。

修剪常綠植物

冬季期間，葉子依然綠油油的常綠植物，葉子老化後，出現葉色變淡或受損等情形。邁入4月後，葉子又欣欣向榮地生長，及早修剪老葉，新葉健康地成長，株姿也變漂亮。薹草屬與春蘭葉等禾草類植物，必須從地際附近修剪。

試試這種栽培方式吧！

春播一年生草本植物的早播要領

利用溫暖的窗邊或簡易保溫設備，即可展開春播一年生草本植物的播種作業。及早育苗，4月份栽種，很快就能看到花。至發芽為止，必須確實作好保溫、保濕工作，長出新芽後，促進通風以避免栽培出軟弱或徒長的幼苗。避免太悶熱也很重要。寒冷地區可展開秋播一年生草本植物的播種作業（播種方法請參照P.136）。

大理花催芽

大理花是最不耐夏季炎熱天氣的植物，花朵易因夏季高溫而褪色，或出現植株生長衰弱等情形。因此，擺在溫暖的窗邊等以促進發芽，邁入4月後即可拿到室外栽種，梅雨季節前就能賞花。

將蛭石、赤玉土等倒入淺容器裡，將球根排在土壤表面，促進發根與發芽，不需要再顧慮遲霜問題後，即可種到庭園或花盆裡。夏季修剪，秋季再度開花。

將大理花的球根排在育苗箱裡以促進發芽的情形。球根長出新芽後即可栽種。

具保溫功能的插電式播種專用保溫箱。草花與蔬菜的早播便利工具。

庭園裡可看到掉落的種子發芽的情形。掉落在金光菊植株基部後發芽的幼苗。

伏根繁殖

根部會長出不定芽（＊）的植物，即可於此時期剪下根部進行伏根繁殖。伏根繁殖適合於秋末與初春，氣溫較低的時期進行。伏根繁殖後，老鼠簕屬植物或山防風等由切口上方部位發芽，秋牡丹、晝開月見草也會從根部的某個部位冒出新芽。扁平狀花盆等裝入栽培用土，將根部修剪成3cm至5cm後橫向排放，淺淺地埋入土裡即可。

＊不定芽：從生長點以外部位長出的新芽。

水生植物的分株方法

和多年生草本植物一樣，睡蓮、荷花等水生植物，也必須於這個時期栽種或進行分株。新芽太雜亂、用土老化後，植株就無法開出漂亮的花朵。栽種時用土必須先埋入緩效性固體肥料。

病蟲害

天氣越來越溫暖，不只是植物，昆蟲類與菌類等也開始活動。預防、早期發現、早期防治是避免病蟲害發生的不二法門。病蟲害一旦擴散，處理起來相當棘手。昆蟲、菌類、土壤微生物中也包括許多有益於植物生長的種類，其多樣性也有助於減輕病蟲害程度。殺蟲劑、殺菌劑之使用必須設法降低至最低限度。

盆栽的維護管理

挖出預防寒害而埋入土裡的盆栽。覆蓋著落葉或木片等的花盆也取出，並排在棚架等設施上，擺在遮蔭處，促使進入休眠狀態的落葉性多年生草本植物的盆栽，也移往日照充足的場所，促進新芽成長。適當時期為新芽或新葉開始長出地面的時候。周邊樹木發芽、野草與雜草生長情形也可納入參考。太晚處理可能栽培成豆芽狀瘦弱植株。植物開始生長就會吸收水分與肥料成分，必須充分地澆水以免太乾燥，並視狀況需要施肥。

葉片呈現漂亮白斑的葉薊（Tasmanian Angel）。

老鼠簕屬植物的伏根繁殖要領

栽種老鼠簕屬植物時，除採用分株方式外，亦可採用伏根繁殖方式。春季伏根後避免缺水，初夏期間就會陸續長出新芽。長出新芽後移到日照充足的場所，確實地長出細根，長出數枚葉片後，進行一般維護管理即可（請一併參考P.150的伏根繁殖相關介紹）。

用土／以小粒赤玉土4・小粒鹿沼土3・腐葉土2比例調配的用土

挖出老鼠簕屬植物。將用土倒入駄溫盆（扁平盆）。

植株基部預留根部約20cm，剪下直徑0.5至1cm的根部。

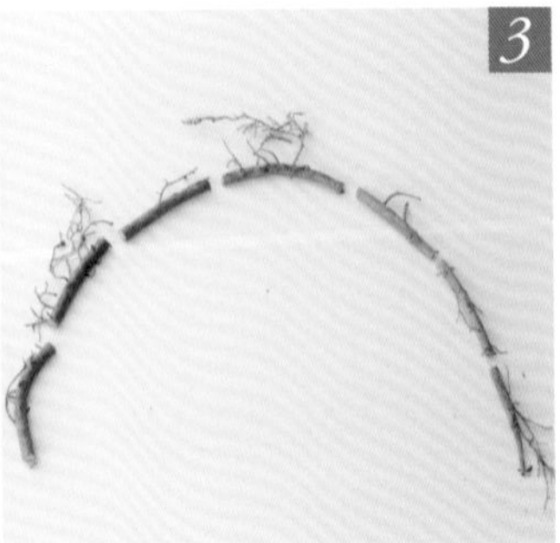

剪下的根部分別修剪成長7cm至8cm。

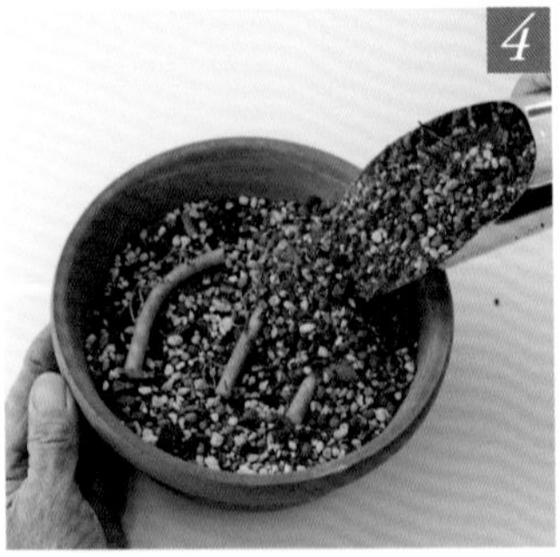

橫向並排根部後，覆土約1cm。最後，充分地澆水。

伏根繁殖後約2至3個月。開始長出葉子。

試試這種栽培方式吧！

打造小型花槽（Trough）

Trough一詞原意為馬槽，歐美引用稱為山野草的container（花槽）後，奠定名稱，稱之為栽培山野草的花槽。將適合栽種山野草的用土，裝入充滿意趣的淺盆裡，組合栽種小型山野草，即完成一盆可長久欣賞植物風采的花槽。

選苗方法・組合栽種方法

依據準備的花盆（花槽），充分考量草姿的協調美感，從喜愛相同日照條件的植物中挑選幼苗。挑選植株會茂盛生長、蔓延長成地毯狀而溢出盆緣的植物，從小型種開始組合栽種吧！

必備用品

花盆／口徑45cm × 高14cm

用土／以等量小粒赤玉土與小粒輕石調配的用土

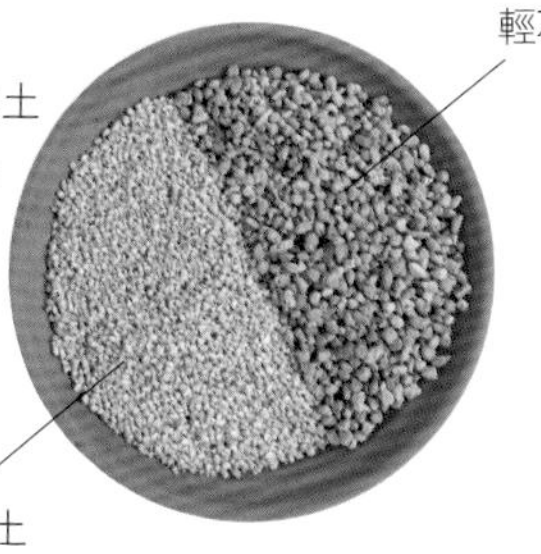

輕石

鹿沼土

植物

1 Geranium sessiliflorum（Nigricans）
2 金絲薹（Snowline）
3 漢紅魚腥草（姬風露）
4 沖繩菊
5 科西嘉薄荷
6 龍頭花
7 三葉龍膽

以盆底網等蓋住排水口後，裝入用土至花盆深度的½處。

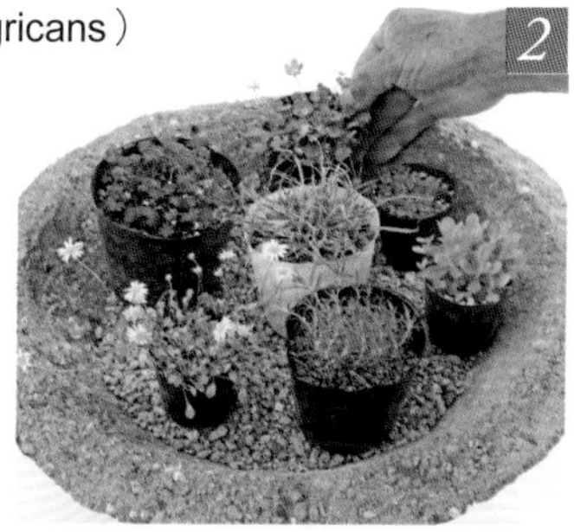

將準備的幼苗排入花盆裡，觀察調整以構成最協調的狀態。

鬆開糾結的根部。長根可以修剪掉⅓左右。

中央稍微種高一點，擺好幼苗後，將用土填入根盆之間。

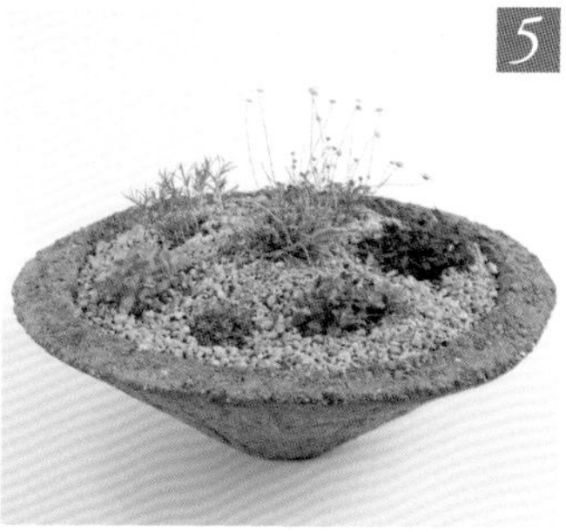

栽種後情形。中央高高壟起。澆水後即完成。

栽種後的維護管理

擺在日照條件很適當的場所，維護管理方法如同盆栽。幾乎不需要肥料，但成長狀況明顯不佳時，於春季或秋季施用少量置肥即可。其次，植株旺盛生長而擴大範圍時，必須適度地疏剪。

分株

分株一詞意思為將植株分割成好幾部分，最常見的植株更新、繁殖方法。植株的繁殖方法因種類而不同，因此，分株方法也不一樣。

Ⓐ 直立生長的植物→分割植株

植株基部長出極短的地下莖，冒出新芽後直立生長的植物，經過5至7年的栽培，只有周圍的幼芽健康地成長，植株中心枯萎或不再旺盛生長，這類植物需避免分得太小株，應以3至4個芽為單位分割植株。

例／聖誕玫瑰（請參照P.149）

地下長著肥大塊根的植物，連同新芽分割塊根。

桔梗、荷包牡丹（圖）、芍藥等，塊根上部長出新芽時，以剪刀等工具分割植株。

植株繁殖別　主要的多年生草本植物

Ⓐ 直立生長的植物

老鼠簕屬・百子蓮屬・紫菀屬・落新婦屬・星芹屬・美國芙蓉類・鳶尾屬・羽衣草屬・紫錐花・鬼罌粟・耬斗菜屬・山桃草屬・唐松草屬・新風輪菜屬・桔梗・玉簪・黃山梅・槭葉蚊子草・聖誕玫瑰・荷包牡丹・芍藥・濱菊・大蔓櫻草・矢車菊・紫露草屬・火炬花・荊芥・礬根屬・櫻草屬・心葉牛舌草屬・福祿考・萱草屬・賽菊芋屬・堆心菊屬・婆婆納屬・吊鐘柳屬・大戟屬・藍刺頭屬・剪秋羅屬・金光菊屬・山梗菜屬等。

Ⓑ 以走莖繁殖的植物

筋骨草屬・香堇菜・虎耳草・匍枝毛茛・野草莓等。

虎耳草

Ⓒ 以匍匐根繁殖的植物

金錢薄・芝櫻・鴨舌癀・頭花蓼・野芝麻・金錢草（圓葉遍地金）等。

Ⓓ 以地下莖繁殖的植物

紅花老鸛草・玉竹・水仙百合屬・風鈴桔梗・菊屬・斑葉魚腥草・輪葉金雞菊・部分鼠尾草・秋牡丹・鈴蘭・黃芩屬・高山蓍・隨意草・美國菊・大紅香蜂草・美麗月見草・澤蘭屬等。

美麗月見草

斑葉魚腥草

Ⓔ 以假球莖、根莖繁殖的植物

蝦脊蘭・德國鳶尾花・紫蘭等。

Ⓑ 以走莖繁殖的植物 ↓切離子株

筋骨草屬、野草莓般，地面上長出纖細走莖（*）後，尾端長出簇生狀子株，由子株長出根部。切離子株即可繁殖。

*走莖（runner） 由植株基部長出側枝，匍匐似地生長後，尾端長出子株。

鴨舌

Ⓒ 以地面上的匍匐莖繁殖的植物 ↓切離匍匐莖

莖部匍匐地面生長後，由節的部位長出根部。將長出根部的莖部修剪成10cm左右後栽種。切下未長根的莖部，利用插芽要領也能輕易地繁殖。

*匍匐莖 主莖匍匐似地生長，每個節都長出新芽與根部。

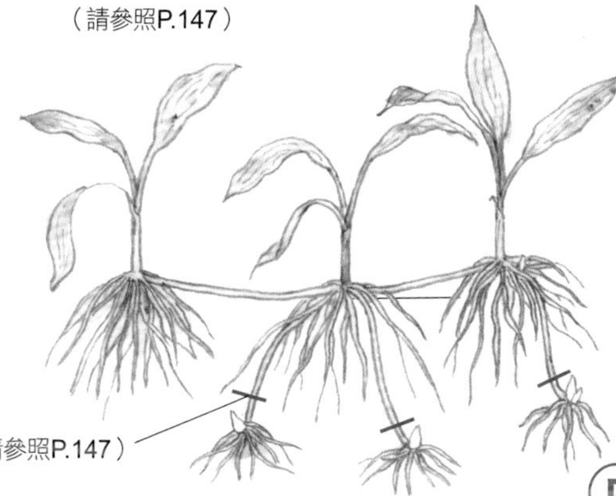

Ⓓ 地下莖生長後繁殖的植物 ↓分割地下莖

除於植株基部創造新芽外，促使地下莖生長後，使每一節都長出子株與根部。植株旺盛生長，未適時地分株，導致植株過度繁殖的情形也很常見。

長出兩至三個假球莖後切離。

Ⓔ 以假球莖・根莖繁殖的植物 ↓分開假球莖或根莖

根莖或假球莖越長越大、越長越多，除德國鳶尾花外，栽種一般鳶尾花類植物時，今年開過花的根莖，明年就不會再開花，因此，必須清除原來的根莖，再由基部切離新長出的根莖，進行分株。栽種時先確認芽的生長方向。蝦脊蘭或紫蘭分株時，每個新芽必須連同三個假球莖。

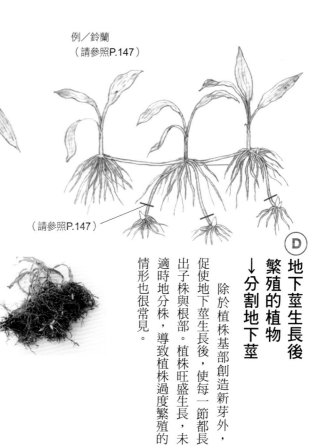

老鸛草屬（風露草）的分株要領

介紹多年生草本植物庭園中最富人氣的老鸛草屬植物的分株方法。

老鸛草屬植物的生長型態各不相同，可大致分成植株基部新芽增多後直立生長（黑花老鸛草等）、地下莖長出不定芽（紅花老鸛草）、莖部在地面上爬行似地生長後於接觸地面部位長出根部（大根老鸛草等）類型，清除舊土，雙手由容易分離的部位分開，每個部分連帶三至四個芽。

直立生長的黑花老鸛草

由花盆拔出植株時，就能清楚地看到布滿根盆的細根。

由盆土肩部依序鬆開根盆，亦可切除細根。

清除舊土後，以三至四個芽為單位，將植株往左右拉扯以進行分株。

分成三株後情形。

黑花老鸛草

由植株的繁殖方式看老鸛草

直立生長的種類 黑花老鸛草（Phaeum）、草原老鸛草、Jonson's Blue、Mrs.Kendall Clark等大部分品種都屬於這個種類。

長出不定芽的種類 紅花老鸛草（Sanguineum類）。此類型亦可採用伏根繁殖方式。

莖部直立生長的種類 Cantabrigiense與該園藝品種、Dalmaticum、大根老鸛草，這類品種可採用插芽繁殖方式。

看不出植株中心的種類 Stephanie、Sessiliflorum、Renardii等。

Sessiliflorum

Renardii

適合於春季分株的主要多年生草本植物

適合於春季分株的植物以初夏期間至秋季開花的植物為主。一到了春天，春季開花種植物地下部分的根部開始活動，地上部分的植株開始長出花蕾。因此，春天進行分株即可避免損傷根部或植株。初夏至秋季開花的植物，於春天發芽後，一面生長一面形成花芽，因此，春季分株也不會影響植株生長。

百子蓮屬・玉簪・長蔓鼠尾草（九蓋草等）・紫菀屬植物（孔雀菊等）・福祿考・萱草屬・賽菊芋屬・堆心菊屬・美國薄荷屬等。

宣草屬植物

賽菊芋屬植物

美國薄荷屬植物

長出不定芽的紅花老鶴草

紅花老鶴草的白花品種

由花盆裡拔出植株後清除過舊土的紅花老鶴草。長出修長粗根。

鬆開糾結在一起的根部，就能清楚地看到連結著粗根的情形。

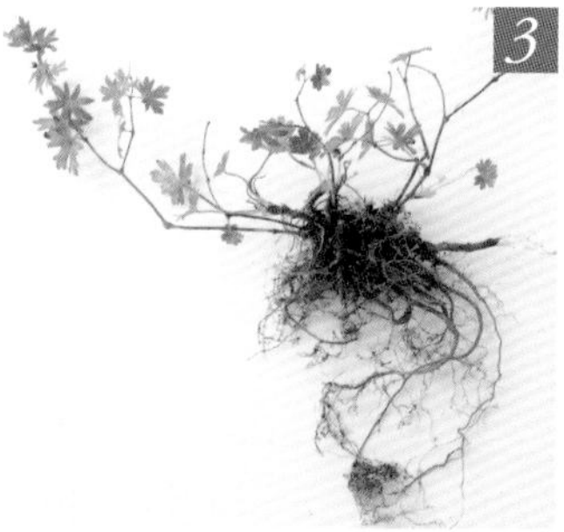

分成每個植株都連帶四至五個新芽。

莖部直立生長的大根老鶴草

大根老鶴草

莖部生長後由基部長出根部。

分成每個植株都連帶根部。

分成三株。

● 栽種時的注意事項　栽種時埋入長高的莖部。

看不出植株中心的種類

周圍擴大而看不出植株中心的種類，大部分連結著粗壯根莖。可分開根莖，但以剪刀剪開時，斷面太大，因此以雙手分開。

Stephanie

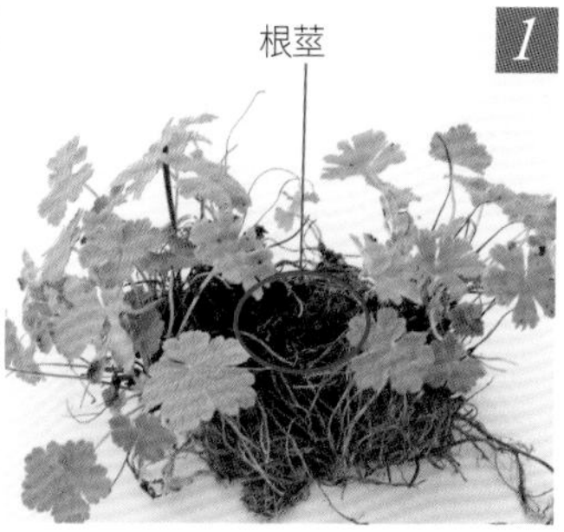

根莖連結情形

以雙手分開

Stephanie盆栽

老鶴草屬植物可從種子開始栽培

老鶴草屬植物中會結種子的品種也非常多，摘下種子播種吧！種莢形狀頗具特徵，圖中就能清楚看出。種莢成熟後裂開成五片，裡面的種子迸出，迸出種子前摘下種莢，以採播方式栽培成植株吧！播種方法請參照P.136。

老鶴草屬的種子。

＊大根老鶴草・紅花老鶴草・Stephanie皆於秋季進行分株。

4 月

當月的多年生草本植物

櫻花盛開，春天正式來報到。枝櫻、鬱金香等植物開花，花壇越來越熱鬧。由早春的小型山野草先開花，接著由中型植物接棒似地陸續開花，相較於3月份，明顯地感覺出植物的成長速度變快。夏季至秋季開花的多年生草本植物類也陸續發芽，迅速地成長著。常綠植物也長出新葉，新葉慢慢地取代了老葉。

修剪聖誕玫瑰的花莖。由褪色的部分開始依序修剪。

主要的維護管理作業

栽種・分株

適合栽種盆苗的時期。如同3月份，幼苗很快就扎根，根部生長情形也良好。需充分澆水以免太乾燥。夏季至秋季開花的多年生草本植物可進行分株。春季開品種於此時期栽種或進行分株時，除部分品種外，易損傷花朵或花蕾，應儘量避免（請參照P.126）。

聖誕玫瑰的盛開期已過，春末至初夏開花的多年生草本植物快速地成長著。左前方為野草圓齒野芝麻。花壇中已形成共生狀態。

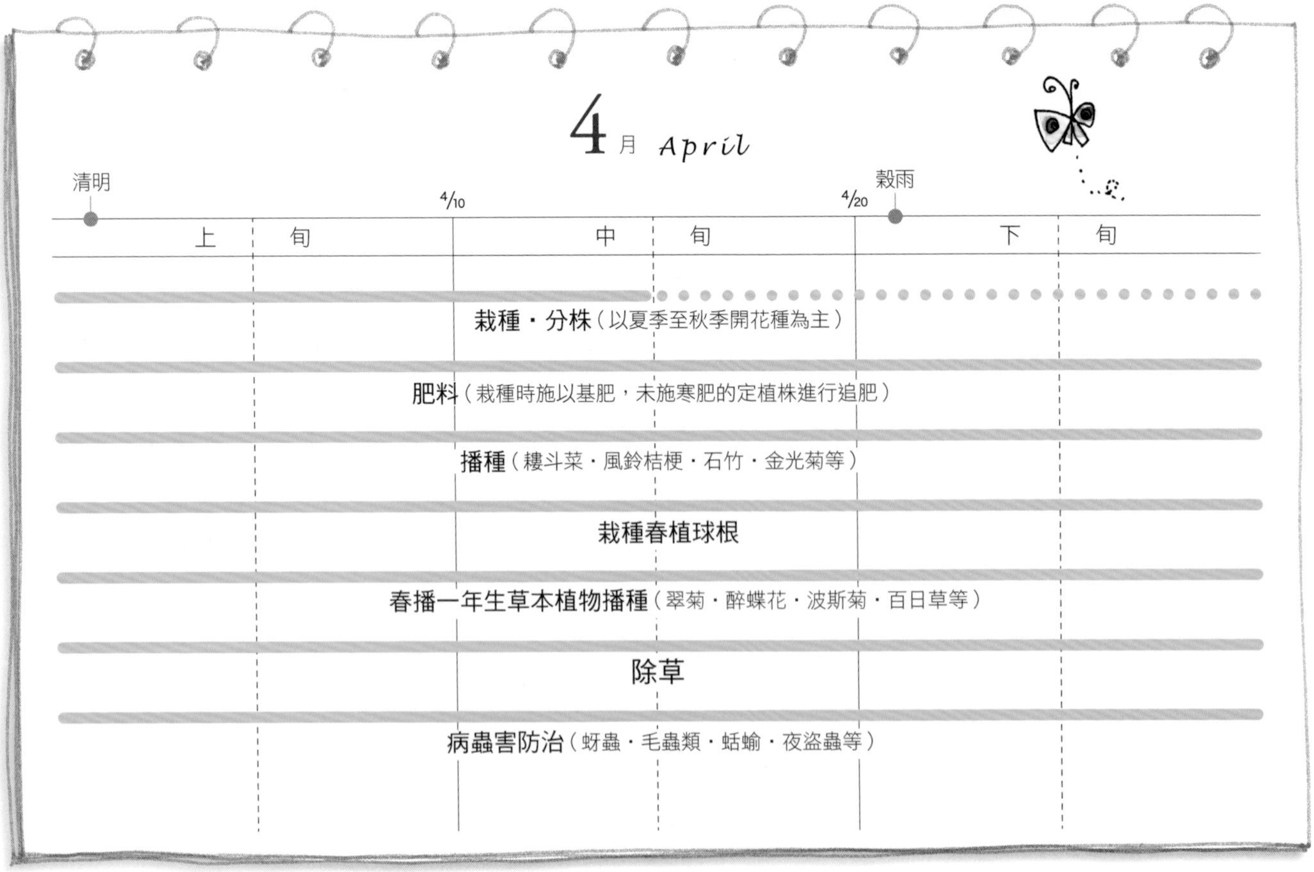

播種

大部分一年生草本植物都能播種的時期。二年生或多年生草本植物等亦可播種。利用育苗軟盆、花盆、育苗箱等，擺在不會淋到雨的溫暖場所維護管理，需避免太乾燥。至發芽為止，覆蓋不織布或舊報紙等也是不錯的辦法（播種方法請參照P.136）。

栽種春植球根類植物

適合栽種唐菖蒲（劍蘭）等春植球根類植物的時期。百合類植物則春季與秋季皆可栽種。微微地錯開一季開花植物的栽種時期，即可改變開花期，更長久地賞花。大理花等不容易看出新芽的種類，利用育苗軟盆或育苗箱等，一起栽培至發芽更確實（請參照P.132）。

（上）薑黃的球根。
（下）唐菖蒲（劍蘭）的球根。

盆栽的維護管理

發芽後邁入旺盛生長期，重點為栽種後初期，充分照射陽光，避免徒長以種出姿態姣好的植株。如此一來，既可預防開花期植株倒伏，又能栽培出充滿協調美感的草姿，開花情形也會變好。森林銀蓮花或側金盞花等早春開花的植物邁入植株充實期。休眠前的時間較短，卻是地下部分儲存養分的重要時期。除充足日照外，盆土乾燥後澆水，施以速效性液體肥料等。

病蟲害

以蚜蟲為首，各種昆蟲的幼蟲開始孵化，活動力旺盛。夜盜蟲等白天躲在土壤裡或盆底，晚上造成食害的情形越來越嚴重，必須仔細地觀察，及早作好病蟲害防治措施。昆蟲種類中包括益蟲與天敵，避免盲目地噴灑藥劑，集中防治以避免擴散的效果更好。灰黴病等疾病，促進通風，摘除殘花即可預防。順便一提，發現殘花而置之不理，淋雨後就很容易引發灰黴病。

對早開種鐵線蓮造成食害的蠡斯同類。

毛地黃嫩芽出現蚜蟲的情形。

需拔除的雜草＆不需拔除的雜草

雜草越來越多的時期。雜草的範疇與種類並不明確，但易蔓延形成雜草叢或明顯妨礙植物生長之類的雜草，必須及早拔除。自然長出的雜草、野草或歸化植物中包括不太會影響及其他植物生長的種類，這些種類不用拔除，可栽培成庭園裡的一份子更充分地運用。

可共存於花壇裡的野草

阿拉伯婆婆納・百脈根・長莢罌粟・藍堇菜・圓齒野芝麻・銀鱗草・寶蓋草・獨行菜・匙葉麥瓶草・高雪輪（捕蟲瞿麥）・刻葉紫堇等。

必須拔除的雜草

野茼蒿・酢漿草・問荊・北美一枝黃花・白茅・魚腥草・春飛蓬・小酸模・虎葛等。

寶蓋草

刻葉紫菫

以地下莖繁殖的禾草類多年生草本植物，發現後立即剷除。

阿拉伯婆婆納

長莢罌粟

享受春植球根的栽培樂趣

4月為適合栽種春植球根的時期。春植球根花卉品種多 花色豐富又鮮豔，可使庭園顯得華麗又繽紛。本單元將介紹主要球根的栽種方法。

球根的選法　球根形狀豐富多元，仔細觀察發芽、發根部位，挑選未出現損傷與黴菌等現象的健康球根。

用土與花盆　採用盆栽方式時，除使用草花用培養土外，亦可使用小粒赤玉土7・腐葉土3比例調配的用土，或小粒赤玉土4・小粒鹿沼土3・腐葉土3比例調配的用土等。

適合栽種的花盆因球根的種類、大小等而不同（請參照下段相關介紹）。

基肥　施用緩效性化學肥料（N－P－K＝8－8－8等）。盆栽施肥時，當作置肥施於盆土表面。

栽種深度與間距　適當的栽種深度為球根高度的2至3倍，間隔以球根直徑2倍為基準。依據株幅與草姿調整。看清楚球根上下後栽種。

開出華麗花朵的大理花（黑蝶）盆栽。

必備物品

用土・花盆（栽種大花品種，需準備8至10號花盆）・球根。

分切的大理花塊根必須連帶俗稱冠部的莖部。

種入花盆 例／大理花

將大理花塊根種入10號花盆。

加入用土至花盆深度的½處，擺好塊根後花芽位於花盆中心。

覆蓋用土。覆土厚度以5cm為大致基準。

於長出新芽位置旁設立暫時性支柱。

以緩效性化學肥料（10粒，粒徑約1cm）為置肥。

＊栽種後立即澆水。置於日照充足的場所，盆土表面乾燥後澆水。

球根種類&花盆大小

蔥蘭
5號盆栽種十球。覆土程度為稍微露出球根頭部。

薑黃
5號盆栽種一塊。覆土厚度3至5cm。

海芋
5至6號盆栽種三球。覆土厚度為一個球根高度。

火焰百合
8號盆栽種三球。

種在庭園裡 例／唐菖蒲(劍蘭)

種在花壇的一個角落上，栽種場所事先混合腐葉土，周圍埋入浪板以避免其他植物混入。

以緩效性化學肥料為基肥，適量施肥。

利用圓鍬均勻地混入肥料。

間隔約10cm非常均衡地並排球根。

挖掘覆土深度為三個球根深度的植穴後栽種。

栽種球根後情形。立即澆水或隔天澆水皆可。

栽種後20天左右。植株健康地成長。

栽種後45天就開始開花。

推薦栽種的春植球根

鳳梨百合屬
株高30至60cm。夏季至初秋開花。花穗形狀酷似鳳梨，學名Eucomis。

紫瓣花
株高40至50cm。開花期因種類而不同。花色有白、粉紅色。

蔥蘭
株高20至30cm。主要開花季節為秋季。花色有白、粉紅、黃、朱紅色等。

薑黃
株高20至60cm。夏季至秋季開花。花色有深粉紅、紅、白色等。

海芋
株高30至90cm。初夏開花。包括濕地性品種，田地性品種比較適合種在花壇裡。

火焰百合
株高100cm以上，蔓性植物。夏季至秋季開花。花色有紅、黃、粉紅等顏色。

夏風信子
學名Galtonia。株高100cm。夏季開花，散發香氣。

5月

當月的多年生草本植物

緊接著4月，陸續長出新葉，四周充滿著亮綠色彩，邁入水嫩嫩的新綠季節。此季節開花的多年生草本植物非常多，各種類型的花卉競相綻放，花色、花型、香氣變化豐富多元，百看不厭。晝常夜短，促進長日性植物的花芽分化，短日性植物枝繁葉茂，植株旺盛地生長。

主要的維護管理作業

摘心

摘心是枝條伸長後摘除尾端，以促進側芽生長的重要作業。希望降低夏季至秋季開花且植株高挑的植物開花時高度，或增加枝條數使植株更茂盛生長後開花時進行。以黃花龍芽草、山桃草、賽菊芋等，枝條較長的種類採用效果最好，一年生草本植物經過摘心，降低植株高度後，通常都長得更茂盛。

雨傘草

引導・設立支柱

鐵線蓮或春植球根的火焰百合等蔓性植物，或初夏開花、植株高挑的植物，蔓藤或枝條通常都會隨著日照時間增長而快速地生長，必須視狀況需要進行引導或設立支柱。多年生草本植物方面，種在植株直立生長的植物之間等，多運用些巧思，就不需要設立支柱，感覺也更自然。

以小枝取代支柱，簡單又自然的支撐方式。

5月 May

立夏　5/10　5/20 小滿

上旬	中旬	下旬

- 蔓性、高性種進行引導・設立支柱（上旬～下旬）
- 插芽（上旬～下旬）
- 摘心（上旬～下旬）
- 播種（毛地黃屬・櫻草屬・蜀葵・吊鐘柳屬等）（上旬～下旬）
- 高溫性春播一年生草本植物播種（朝顏・辣椒屬・矮牽牛屬等）（上旬～下旬）
- 秋植球根的挖出・貯藏（下旬）
- 除草（上旬～下旬）
- 害蟲防治（蚜蟲・毛蟲類・蛞蝓・捲葉蟲・夜盜蟲等）（上旬～下旬）
- 防疾病（白粉病・苗立枯病・灰黴病等）（上旬～下旬）

播種

以櫻草屬植物為首，適合耬斗菜屬、風鈴草屬、老鸛草屬、毛地黃屬等，需要經過一整年的栽培才會開花的多年生草本植物進行播種。毛地黃屬與風鈴草屬的種子呈微粒狀，以泥炭苔板播種更方便（請參照P.136）。

摘除殘花

花謝後應及早摘除殘花。泡盛草屬植物等只修剪花穗，由花莖長出側芽的植物修剪花莖的½，不會長出側芽的植物則從植株基部修剪（請參照P.139）。

由基部修剪老鸛草（Jonson's Blue）的情形。

盆栽的維護管理

植物旺盛生長時期。日照充足，盆土表面乾燥時澆水。澆水頻率越高，肥料成分流失情形越嚴重，因此，需定期施用置肥或液體肥料，以維持土壤的肥沃度。

高明的病蟲害防治方法

時序邁入5月後，昆蟲活動力更旺盛。6月以後至出梅期間是病害蟲最猖獗的時期，常見害蟲如蚜蟲、夜盜蟲、切根蟲、捲葉蟲等，常見疾病為白粉病、灰黴病、軟腐病等，病蟲害種類舉不勝舉。

進入此時期後，植物長得特別茂盛，又陸續開花，因此，通風情形變差，病蟲害危害越來越嚴重。因此，必須適時地摘除殘花（殘花不處理，易引發灰黴病），需透過縮剪、疏剪等以促進通風，更努力地預防疾病。其次，梅雨期過後氣溫達到30℃以上時，病原菌的活動力自然減弱。

病蟲害的預防&對策

1 打造混植形花壇

花壇裡混植多種植物時，只出現特定病蟲害的情形很少見，即便出現，還是能降低受害程度。栽培植物必須適材適所，避免過度施肥。植株太軟弱時，對抗疾病能力自然減弱。

2 混植香草類植物

混植香草類植物即可避免部分害蟲靠近植栽區域。混植瑪格麗特可降低線蟲類害蟲侵害，混植大茴香、細香蔥可使蚜蟲敬而遠之，混植韭菜、紫瓣花屬植物的防蟲效果也很不錯。

3 一般修剪・更新修剪

植株生長太茂盛，花壇容易出現病蟲害時期，必須透過一般修剪或更新修剪（請參照P.139）疏剪枝葉。

4 採用具抵抗力的品種

植物中不乏對白粉病等特定疾病抵抗力強勁的品種。天藍繡球的Peppermint Twist、Nicky、Phlox carolina 'Bill Baker'、Monarda didyma白花品種等，都是抵抗力相當強的種類。

5 早期發現・早期防治

植物罹患病蟲害時，應於病情擴散前及早防治。及早防治還可減少藥劑的使用量。較大的害蟲進行捕殺，僅針對無法捕殺的害蟲使用藥劑。

宣草屬植物上長滿蚜蟲。說必然會發生也不為過，建議初期就以藥劑防治。

天藍繡球罹患白粉病。種在通風狀況良好的全日照環境即可減輕症狀。

對油點草葉片造成食害的夜盜蟲同類。發現後立即捕殺。

西洋耬斗菜（夢幻草）上的夜盜蟲同類。發現後立即捕殺。

播種

播種是讓人感到很喜悅的庭園工作項目之一。植物中包括許多很難與親株開出相同花朵的種類，但栽培出突變種也很有趣。先採收種子，試著播種栽培看看吧！

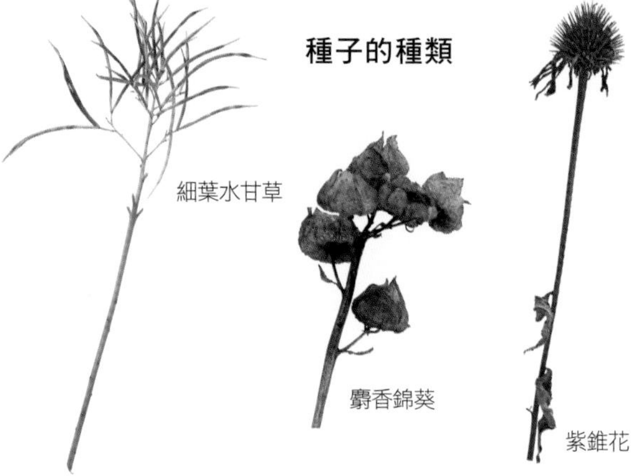

射干

必須於適當時期播種

水分與溫度是種子發芽不可或缺的要素。適合發芽的溫度因植物種類而不同，大多為15至20℃，春季與秋季就是很適合播種的時期。

種子的大小與形狀也各不相同，有的種子附著著可乘風飛翔的羽毛狀綿毛，有的種子薄如紙張般呈扁平狀，有的則是塵土般呈微粒狀。大顆粒種子可直接播入市面上買回來的播種用土裡，微粒狀種子播種時，使用泥炭苔板更便利。

需光發芽種子&需暗發芽種子

種子與光線的關係不大，水與溫度適中就會發芽，可大致分成需要光線才會發芽的需光發芽種子（好光性種子），與喜歡黑暗場所的需暗發芽種子（厭光性種子）兩大類。風鈴桔梗、金魚草、彩葉草、報春花、矮牽牛等為需光發芽種子，香豌豆、仙客來、黑種草等屬於需暗發光種子。

多年生草本植物中不乏適合以採播方式栽培的種類

種子採收後通常需要充分乾燥，放入可密封的容器，再存放在冰箱裡，但壽命較短的種子比較適合以採播（採收種子後立即播種）方式播種，因為以採播方式播種發芽率較高。

建議以採播方式栽培的植物纖形花科的星芹屬植物、紫薊、*Pimpinella major*、黑葉鴨兒芹，毛茛科的銀蓮花屬、朝鮮白頭翁、鐵線蓮、金蓮花屬。

播種的訣竅&作業後的維護管理

發芽為止避免缺水，發芽後充分照射陽光以預防徒長。土壤稍微乾燥，細根就旺盛生長。

野胡蘿蔔的種子

風鈴草屬植物。種子呈微粒狀，以泥炭土板播種最適宜。

風鈴草屬與毛地黃屬等，種子呈微粒狀的植物最適合以泥炭苔板播種。促進吸水後播下種子，播種後不需要覆土。

種子播在泥炭苔板上，發芽長成幼苗的毛地黃屬植物。

播種1

例／馬利筋

顆粒較大，比較容易播種的種子採收實例。

馬利筋的種子

準備種子與用土。將粗粒盆底石放入淺盤後，放入用土。

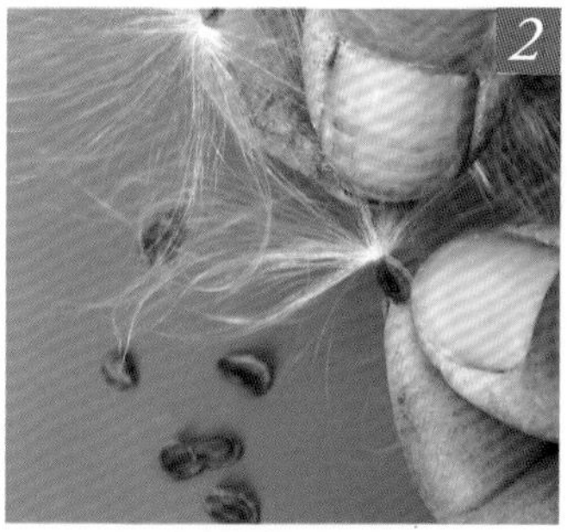

去除附著在種子上的羽毛狀綿毛。

將種子擺在厚紙上，一粒一粒地撣落在濕潤的用土上。

播種時避免種子重疊在一起。

覆土至可覆蓋住種子。

以澆水壺澆水。

＊播下細小種子時，促使花盆底面吸水。

播種2

例／春季開花的秋牡丹

鬆開包覆種子的綿毛後播種。

狀似包覆著綿毛的春季開花種秋牡丹。

避免種子聚集成團狀，薄薄地撒在濕潤的用土上。播種後薄薄地覆土至可覆蓋種子，覆土後澆水。播種後10天左右就會發芽。

播在塑膠軟盆裡，發芽長成幼苗的春季開花種秋牡丹。播種後約一個月的情形。

發芽後兩個月左右（步驟2為種入花盆一個月左右）後情形。

播種3

例／兔尾草

播下整個花穗的獨特播種實例。

兔尾草（別名Bunny Tail）的種子。

橫向擺放花穗（種子），將其中一半埋入土裡，埋好後澆水。

十天左右就發芽。直接種在花盆裡，種子發芽後，分別抽出花穗。花穗大小不一而充滿趣味性。

6月

風鈴桔梗的花莖修剪½後，側芽長大就會再度開花。

當月的多年生草本植物

氣溫上升，濕度也逐漸升高，一年當中晝長夜短最分明的月份，入梅後雨水也增多。春季花接近尾聲，直株高大的大型種多年生草本植物開始綻放。大多為分量感十足的種類，整個花壇長滿植物，幾乎看不到地面。秋植球根與早春開花的小型山野草植物的地上部分枯萎，陸續進入休眠狀態。

剛蛻殼的螽斯同類。

主要的維護管理作業

縮剪・一般修剪

縮剪係指花謝後由花莖中途修剪的作業。開穗狀花的植物常見兼具摘除花蕾與修剪的情形。初夏至夏季期間開花的植物，盛開後由花莖中途修剪，就會長出側芽，再度開花。

一般修剪係針對植株太高、草姿雜亂的植株，由任意高度修剪的作業。山桃草屬等花期很長的植物，易出現植株太茂盛而長得不美觀的情形。由較低位置修剪枝條，就能重新栽培出姣好株姿。

直立生長的植物錯開時期，分別修剪一半後，可能頓時終止開花。其次，紫菀屬植物般，夏季至秋季開花，直株高挑的植物，由地際附近修剪後，即可栽培出姿態優美，小巧植株就開出漂亮花朵的絕佳狀態。

6月 June

芒種　6/10　6/20　夏至

上旬	中旬	下旬

- 蔓性、高性種的引導・設立支柱（上旬～下旬）
- 縮剪・一般修剪（紫菀屬植物等高性種）（中旬後半～下旬）
- 插芽（上旬～下旬）
- 播種（毛地黃屬・櫻草屬・蜀葵・吊鐘柳屬等）（上旬）
- 花菖蒲分株（下旬）
- 秋植球根的挖出・貯藏（上旬～中旬）
- 除草（上旬～下旬）
- 害蟲防治（蚜蟲・毛蟲類・大蝙蝠蛾的幼蟲・蛞蝓・捲葉蟲・夜盜蟲等）（上旬～下旬）
- 預防疾病（白粉病・苗立枯病・軟腐病・灰黴病等）（上旬～下旬）

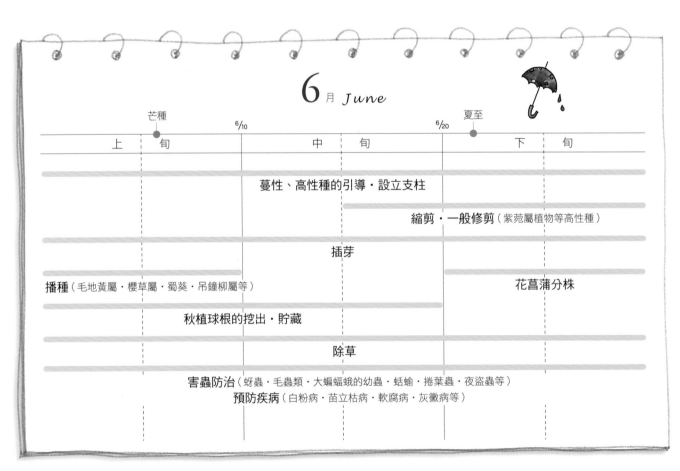

插芽

初夏期間為最適合插芽的時期。大部分植物都能採用插芽繁殖方式，因此建議參照P. 140介紹的要領，以健康生長的芽尾或莖部，試著進行插芽吧！此時期可以縮剪或修剪時剪下的莖部為插穗，進行插芽善加利用。

秋植球根的挖出作業

鬱金香、風信子等秋植球根類植物，葉子轉變成黃色後，即可挑選一個好天氣挖出球根。挖出球根後，必須擺在遮蔭處充分乾燥，清除泥土、雜根與枯萎掉的莖葉，放入網袋等容器裡，存放在通風良好的遮蔭場所。豬牙花、貝母、雪花蓮等不喜歡乾燥貯存的球根則不挖出。

摘除殘花實例

例1 長蔓鼠尾草
花謝後只修剪花穗部分。亦可修剪至植株高度的½，剪下的嫩枝可當作插穗善加利用。

例2 紫露草屬植物
花謝後，由分枝部位修剪花莖。花完全謝掉後，由地際折斷就會再度長出新芽。

例3 Heliopsis helianthoides
由長出側芽的位置修剪。

例4 黑花老鸛草
將植株縮剪成原來高度的⅓。

盆栽的維護管理作業

進入梅雨期後，必須將不耐高溫潮濕天候的植物盆栽，搬到屋簷下等不會淋到雨的場所。將盆栽擺在會淋到雨的地方，梅雨期間容易疏忽掉澆水。地上部分茂盛生長的盆栽，易因雨水無法滲入盆土裡而太乾燥。確認盆土的乾燥情形後澆水。施肥程度為梅雨季節過後，土壤不會殘留太多肥料成分，使用液體肥料較便利。

●病蟲害相關請參照P. 135。

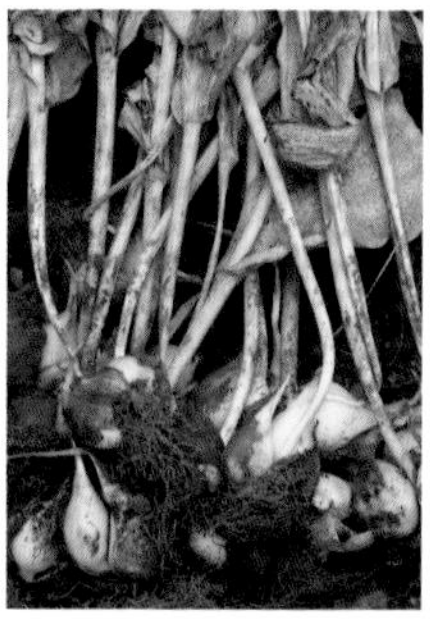

秋植球根於葉子轉變成黃色後挖出。圖為鬱金香。

試試這種栽培方式吧！

更新修剪&適合採用的植物

例／孔雀菊

以大型修枝剪由距離地際5至10cm位置修剪。

修剪後狀態。

修剪後一個月左右。

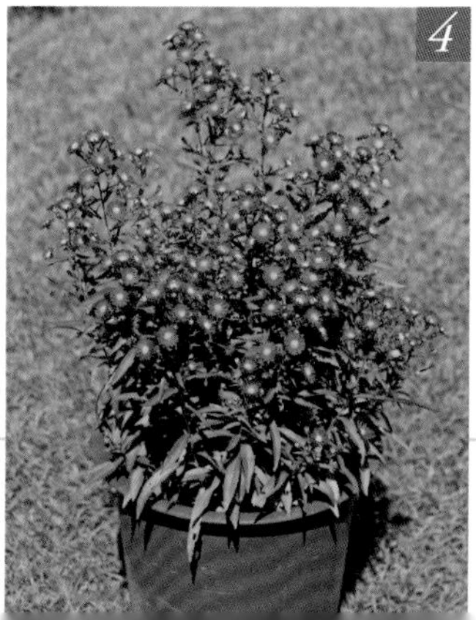

修剪後，植株還這麼矮就開花。

適合採用的植物為秋季開花的鼠尾草屬植物，秋季開花的堆心菊、菊類、多年生草本萬壽菊、芒草等。適合以更新修剪方式將植株剪高一點的植物為黃花龍芽草、大花益母草、地榆等。

插芽

植物的繁殖方法中，難易度僅次於分株的就是插芽（繁殖樹木時稱插枝）。適合不容易分株、不易罹患疾病、旺盛生長等植物繁殖時採行。

於適當時期插入乾淨的用土裡

插芽方式可大致分成插入芽尾的「頂芽插法」、插入莖部的「插莖法」、插入莖部中途長出的新芽的「高芽插法」、插入葉片的「插葉法」等。取得插穗後立即插入用土裡。

適期　初夏（5至7月）與秋季（秋分前後至10月下旬）。

用土　市售扦插用土或小粒赤玉土、鹿沼土等乾淨的用土。

插芽訣竅&作業後的維護管理

插芽訣竅&作業後維護管理　切口必須與緊密貼合用土　成功插芽要點為使用不開花的嫩枝，適度地調整成插穗，切口緊密貼合用土。插穗晃動就不會長根。

妥善維護，避免缺水　置於不會吹到風的明亮遮蔭處，妥善維護，避免缺水，大部分插穗兩個星期左右就會長出根部。鐵線蓮適合於初夏期間進行插芽，但需要一個月左右才會發根。新芽開始生長即表示已經發根，發根後分別取出種入花盆裡，置於適當的日照條件下，以一般方式維護管理。

調整插穗整

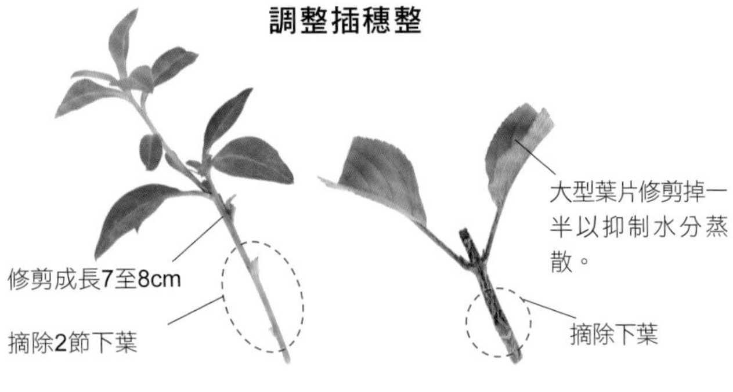

長蔓鼠尾草(Blue Fountain)　　鳳梨鼠尾草

插莖

例／雁金草／雁草 'Snow Fairy'

以長出側芽的莖部為插穗。

留下莖部約2cm，剪下長出側芽的部分。

剪成三個插穗。

將插穗插入濕潤的用土裡。

插芽後情形。插芽後澆水。

兩星期左右開始長出根部，三星期左右取出後情形(圖)。

分別種入7.5cm栽培軟盆。

適合採用插莖法(頂芽插法)的植物

鼠尾草屬・紫菀屬・礬根屬・福祿考屬・婆婆納屬・美國薄荷屬等大部分多年生草本植物。

＊由莖部切口長出根部，因此，插入插穗後，以手指壓實莖部周圍的土壤，以避免莖部晃動。

高插芽法 例／開重瓣花的毛剪秋羅

開重瓣花，不適合播種繁殖，因而採用高插芽法。

連帶1至2cm莖部，剪下莖部中途的芽。

大型葉片修剪掉一半，以抑制水分蒸散。

調整後插穗。立即插芽時，插穗不需要吸水。

插入至濕潤用土微微地埋到芽。

插芽後情形。插好後澆水。

適合採用高芽插法的植物

補血草屬（Altaica・Latifolium等）・萱草屬・紫露草屬・剪秋羅屬（Jenny）・山梗菜屬等。

＊插芽後，不是由莖部發根，兩星期左右由芽的下方長出根部。剩下的莖部可幫忙固定芽。

插葉 例／鳳梨百合

花謝後插葉就會形成球根。

葉子分別修剪成6至7cm。

修剪後葉子。插葉時清楚區分上下。

將市售扦插用土倒入淺盆等花盆裡，埋入深度為葉子的¼處。

插葉後三個月左右。葉子長出根部，開始形成小球根。

適合採用插葉法的植物

麒麟草等佛甲草屬植物、苦苣苔等多年生草本植物。

適合採用水插法的植物

非洲鳳仙花、豬屬、秋海棠屬、大戟屬等部分植物，插入裝水的玻璃杯裡，只插在水裡就會長出根部的植物也不少。適合於初夏或秋季期間，水溫不會升高時期進行。

採用水插法，長出根部後開花的非洲鳳仙花。

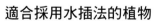

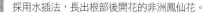

7・8月

庭園維護管理行事曆

耐熱能力很弱的櫻草屬植物的植株基部需覆蓋。

當月的多年生草本植物

梅雨季節過後，炎熱夏季正式來報到。春季開始的成長暫時告一段落的時期，耐熱能力較強的植物繼續開花，斑葉或彩葉等觀葉植物，在遮蔭場所開花的植物終於開始發揮本領，百合類也越來越耀眼。修剪植株、摘除殘花以降低植物耗損，留意過於混雜生長的植物，將植株狀態整理得更美觀。秋季開花種植物的花芽開始分化。

主要的維護管理作業

遮陽

邁入七月下旬後，還會看見因為陽光太強烈或水分不足而出現葉燒情形的植物。將盆栽移往涼爽的遮蔭場所，庭植植物葉燒情形太嚴重時，狀況許可下，最好進行移植。將朝顏等蔓性植物種在容易出現葉燒情形的植物前，也能夠幫忙遮擋陽光。

插芽

鼠尾草屬植物、非洲鳳仙花、彩葉草、日日春等，耐熱能力較強的一年生草本植物，也適合採用插芽繁殖方式。百香果、木本曼陀羅屬等，熱帶性的多年生草本植物，即便氣溫居高不下，還是能夠進行插芽繁殖（請參照P.140）。

盆栽的維護管理

除非耐熱能力很強的植物，否則應移往涼爽的樹蔭下。澆水方法請參照以下行事曆。基本上不需要施肥，但健康成長的小苗等，可施以稀釋液體肥料。

●病蟲害相關請參照P.135。

7月 *July*  8月 *August*

小暑 7/10 7/20 大暑 立秋 8/10 8/20 處暑

7月上旬	7月中旬	7月下旬	8月上旬	8月中旬	8月下旬

縮剪・一般修剪（孔雀草等高性種植物）

覆蓋（花壇）・遮陽（盆栽）

插芽

除草

栽種夏植球根（甘草・黃花石蒜・納麗石蒜等）

播種（葉牡丹・三色堇・香堇菜等）

一年生草本植物採種（春播草花）

害蟲防治（毛蟲類・大蝙蝠蛾・蛞蝓・葉蟎・捲葉蟲・夜盜蟲等）

預防疾病（白粉病・軟腐病・灰黴病等）

摘除殘花

二度開花的植物，花謝後應及早摘除殘花。

桔梗花謝了。

修剪開花節點上方。

時間長短因修剪方式與時期而不同，大概修剪後半個月左右就會再度開花。

將插芽苗分別種入花盆裡

6月份插芽後長成幼苗，大約一個月後就能取出插芽苗，分別種入花盆裡。將插芽苗種入花盆時，使用栽培用土。

插芽後一個月左右的情形。長出根部，可取出種入花盆的鳳梨鼠尾草等植物的插芽苗。

將插芽苗分別種入直徑9cm的栽培軟盆裡。

種在栽培軟盆裡的插芽苗。

試試這種栽培方式吧！

百子蓮的播種訣竅

百子蓮花謝後結種子時，想不想摘下種子拿來播種呢？百子蓮的種子成熟轉變成黑色後，種莢就迸開。播種栽培時，需要三、四年才會開花，但開出來的花朵可能與親株開的花呈現出微妙差異，令人期待。

採播於播種用土裡，十天左右就發芽。圖為發芽後一個月左右的幼苗生長情形。

百子蓮的種子。種莢開始迸開即整個摘下。

夏季的澆水要領

梅雨期過後，基本上於早晨或傍晚，充分澆水至盆底出水為止。但盆土太潮濕時，易罹患根腐病，耐熱能力較弱的植物，需留意細菌引發的軟腐病。

盆土濕潤，植株卻垂頭喪氣時，應減少澆水，將盆栽移往遮蔭場所，仔細觀察狀況。夏季澆水除可為植物補充水分外，還具備冷卻植株與盆土等作用。淋浴似地澆遍整個植株，花盆周圍也灑水，即具備冷卻植株與周圍，避免形成氣化熱等作用。

採庭植方式時，若持續晴天，土壤異常乾燥，早晨和傍晚都必須澆水。

9月

當月的多年生草本植物

殘暑天氣持續，季節更迭時期，颱風特別多，有時候也會吹起秋風，適入氣候多變時期。夜晚溫度下降後，花色與花壽命都提昇，夏季開花的植物中，有些品種會開出二次花。孔雀菊等秋季開花的植物陸續開花，夏季花與秋季花同時出現在花壇裡。石蒜開花時期，芍藥等植物可以進行分株與栽種。

主要的維護管理作業

栽種・分株

最適合栽種的時期為秋分前後至10月。適合分株的植物以春天開花的多年生草本植物為主（請參照P.147）。

黑心金光菊花謝後的花心也具備觀賞價值。

颱風對策

9月為颱風季節，確實作好防颱準備，即可將受害程度降到最低限度。將盆栽移往屋簷下等場所。即將於秋季開花的孔雀草或鼠尾草屬植物等，植株周圍架設三角錐形的堅固支柱後，覆蓋防風網，就能減輕對植株的傷害。夏季開花種，花期即將結束的植物，可事先整理一下枝葉。植物因颱風而受損時，需儘快整理，及早修剪折斷的枝葉。

盆栽的維護管理

至9月中旬為止，一直擺在涼爽的遮蔭處，秋分前後才移往日照充足的場所。盆土乾燥時充分澆水。施肥後，植物再度開花。肥料部分施置肥或依據植物種類併用液體肥料。

●病蟲害相關請參照P.135。

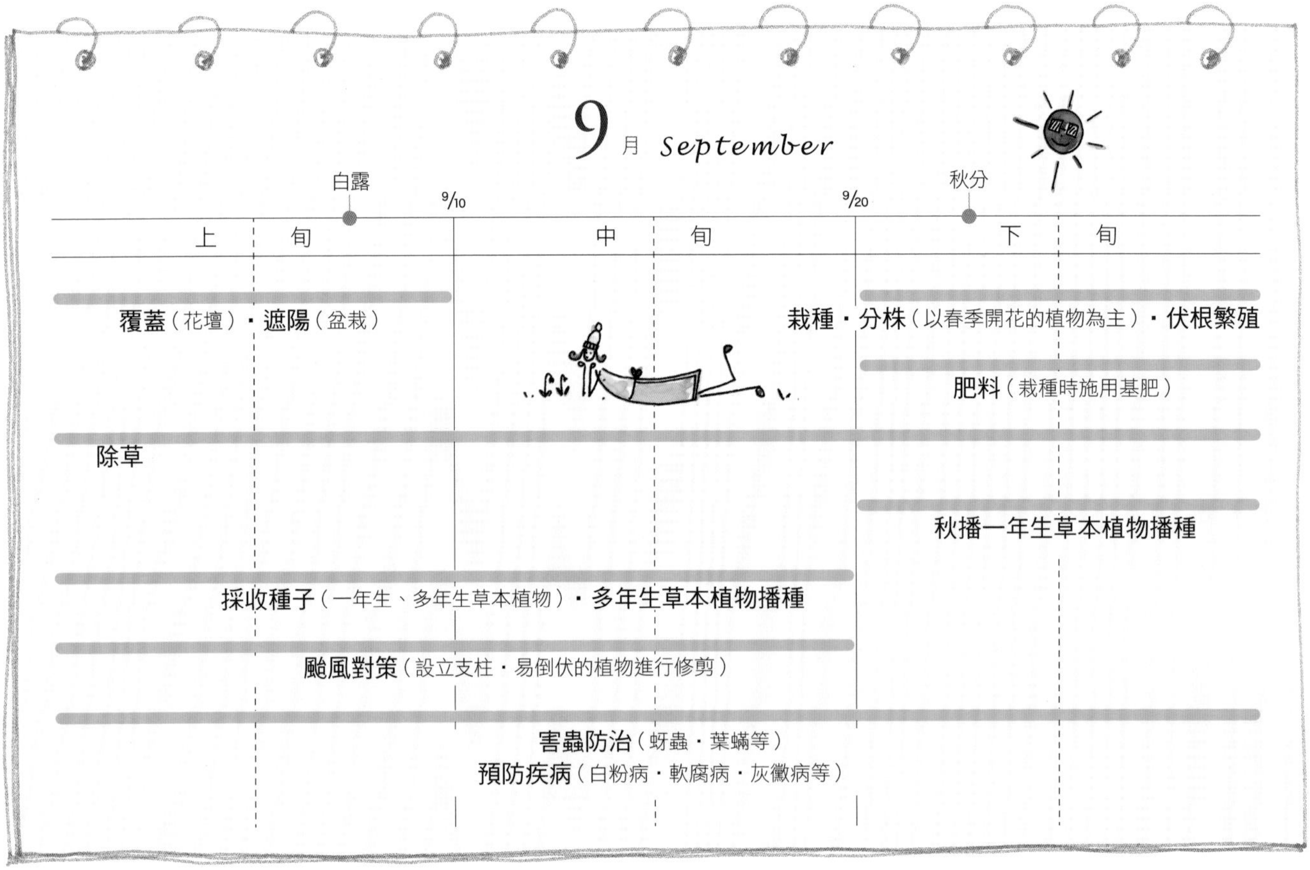

10 月

當月的多年生草本植物

秋季氣氛越來越濃厚，以深藍鼠尾草等植物為首，短期間開花的植物成為花壇裡的要角。結果實的植物與禾草類植物的花穗越來越耀眼。秋水仙也幫忙增添了色彩。秋季為植株充實期，地下部分可分成地下莖綿延生長的植物，與地際、植株基部長出新芽的植物，兩種類型的植物都開始準備過冬。這是非常適合栽種、分株、插芽的時期。

主要的維護管理作業

栽種・分株

這個月也是很適合春季開花的多年生草本植物栽種、分株的時期。春季開花的多年生草本植物主要種類為鳶尾屬、水仙百合屬、海石竹屬、蝦脊蘭屬、荷包牡丹屬、芍藥屬、多年生石竹屬、芝櫻、紫蘭、鈴蘭、側金盞花等。花壇裡的預定栽種位置投入腐葉土等，促進排水後栽種。目標著寒冬，秋末栽種時，覆蓋木片堆肥或腐葉土，有助於根部的生長（請參照P. 153）。分株方法請參照P. 147植株繁殖方法別相關介紹。

芒草抽出花穗，孔雀菊盛開的秋季庭園。

伏根繁殖

如同初春時節，這個時期也適合進行伏根繁殖。以秋牡丹或山防風等適合秋季栽種的植物，試試伏根繁殖方法吧！（請參照P. 150）

插芽繁殖

如同初夏，適合各種植物插芽繁殖的時期。植物中不乏氣溫回升的初夏進行插芽繁殖，莖部切口易腐爛的植物，這類植物於10月插芽，就能順利地發根繁殖。墨西哥鼠尾草、異色鼠尾草等，耐寒性稍

10月 October

寒露　10/10　10/20　霜降

上旬	中旬	下旬

- 栽種・分株（以春季開花植物為主）伏根繁殖
- 肥料（栽種時施用基肥）
- 插芽（適合大部分多年生草本植物採行）
- 秋播一年生草本植物播種（金魚草・黑種草・喜林草・虞美人・勿忘我等）
- 栽種秋植球根
- 採收種子（一年生・多年生草本植物）多年生草本植物採播
- 春植球根的挖出・貯藏
- 害蟲防治（蝶類等）・預防疾病（白粉病等）

弱的植物，可透過插芽繁殖幼苗後，移入室內過冬。部分種類亦可透過水插繁殖。像欣賞切花似地插入玻璃杯裡就會長出根部。非洲鳳仙花或秋海棠等，以水插方式繁殖時，發根情形都相當不錯。

採收種子

忘記摘除殘花或本來就打算留下種子，植株上留著種子的春播一年生或多年生草本植物很常見吧！種子必須趁種莢迸開前採收。採收種子最好於天氣晴朗的時候進行。多年生草本植物可視狀況需要進行採播，一年生草本植物的種子則需要保存。打算保存的種子可擺在通風良好的遮陰場所，充分乾燥後去除種莢或枝條等，分別放入紙袋裡，再裝入密封容器，存放在冰箱裡。

秋播一年生草本植物播種

金盞花、金魚草、琉璃飛燕草、福祿考、矢車菊、勿忘我等，秋播一年生草本植物適合以採播方式繁殖。但需及早播種，於10月下旬至11月上旬就種入花壇裡（播種方法請參照P.136）。

挖出春植球根

春植球根必須於寒流來襲前挖出。忘記挖出時，某些地區可能出現球根遭受寒害而腐爛的情形。球根挖出後先經過乾燥，再清除泥土與枯萎的枝葉。唐菖蒲、彩眼花等鳶尾科球根放入網袋等容器裡，其他植物的球根放入箱子裡，再塞入蛭石等，存放在無加溫狀態的室內。

盆栽的維護管理

10月底，可存放在一般置場，但寒流來襲時期，盆土越來越乾燥。盆土乾燥時才澆水。施肥方面，聖誕玫瑰或櫻草屬植物般，即將邁入生長期的植物才以液體肥料等進行追肥。進入休眠期的植物則不施肥。

●病蟲害相關請參照P.135。

試試這種栽培方式吧！

栽種秋植球根

10月是非常適合栽種秋植球根植物的時期。想不想在多年生草本植物花壇栽種球根植物，展開多層次植栽（請參照P.110）呢？以邊長2m的正方形花壇為例，介紹栽種植物的種類與球數實例，栽種時以覆土厚度＝三個球根高度，間隔＝兩個球根直徑為大致基準。

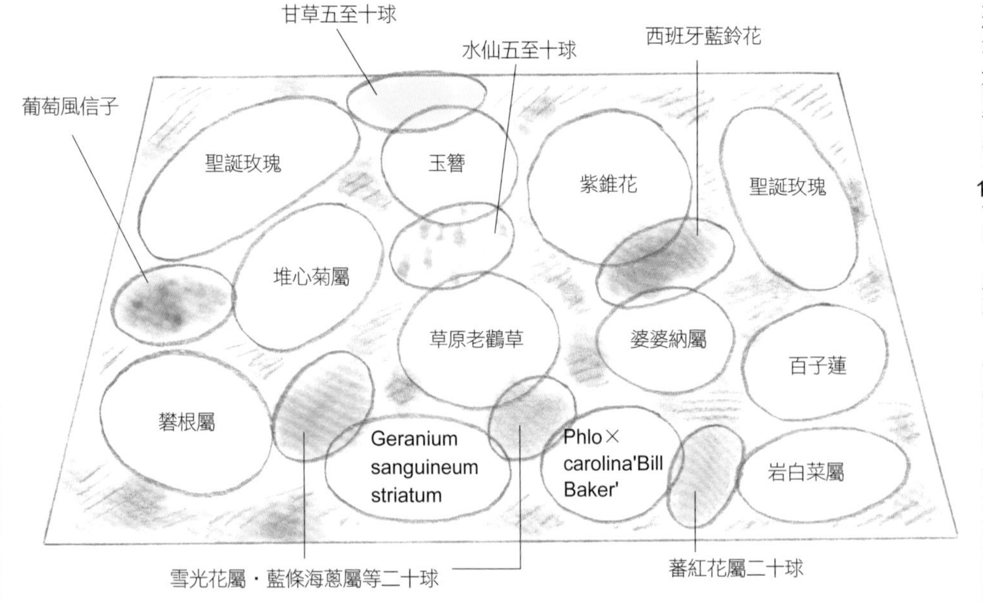

多年生草本植物之間栽種球根植物（以2m × 2m花壇為例）

觀察第二年、第三年的情形，加入風信子或雪蓮花。亦可隨處加入綿棗兒等植物。

多年生草本植物的秋季

秋季是非常適合春季開花的多年生草本植物進行分株的時期。本單元將以人氣植物為例，廣泛地介紹分株方法。

荷包牡丹

植株直立生長的植物，秋末落葉，地下部分形成隔年的新芽。粗根糾結在一起，因此，於不會損傷粗根狀態下進行分株，分株後每個部分都連帶新芽。圖中為以盆栽方式栽種後第二年的植株。

清除用土後清楚地看到粗根與白色新芽。

打算分成兩部分，先以剪刀於容易分株的部位剪出切口。

以雙手分開植株。

分成兩部分。

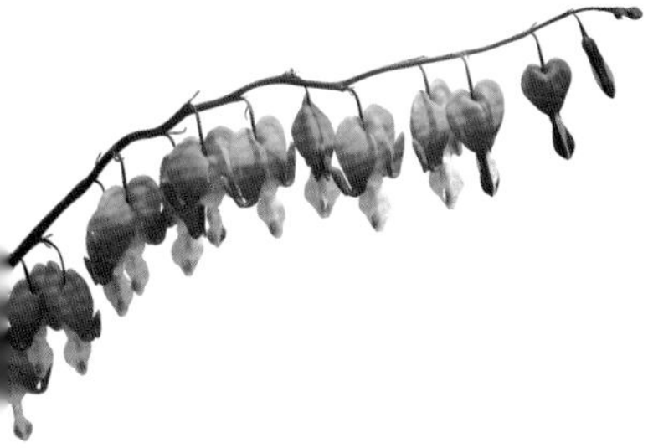

＊栽種方法請見P.103相關介紹。

芍藥

植株直立生長的類型，分割植株後，每一個部分連帶二至三個芽。

清除土壤後分割成兩部分，每一個部分連帶二至三個芽。根莖部相當堅硬，因此先以剪刀剪出切口。

以雙手分開植株。

分成兩部分。

＊栽種方法請見P.107相關介紹。

鈴蘭

地下莖尾端長出新芽的類型。分株後每個部分連帶二至三個芽。

拔出種在花盆裡的盆栽植株後，就能清楚地看到新芽。

鬆開根盆。

分株後每個部分連帶二至三個芽。

＊大芽為開花芽，小芽為葉芽。

玉簪

親株周圍長出新芽，形成塊狀，因此分成適當大小。此實例將盆栽植株一分為二。

以拳頭敲鬆根盆，敲掉用土。

找出容易分株部位，以剪刀剪出切口。

以雙手分開植株。

分成兩大部分。

由距離植株基部1cm處剪掉枝葉。

完成分株後情形。於此狀態下栽種。

＊栽種方法請見P.103相關介紹。

德國鳶尾花

根莖一面分枝一面生長的類型。去除老根莖似地進行分株。

以圓鍬挖出植株。栽種後好幾年都未曾移植過的植株，根莖層層疊疊地生長。

先分成兩大部分。

取下由長長的老根莖上分株長出的新根莖。

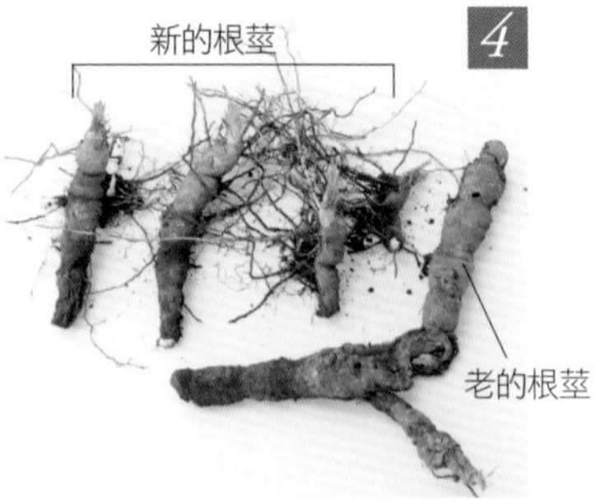

根莖分株後狀態。栽種新的根莖，老的根莖也栽種時則會長出不定芽。

花菖蒲或燕子花適合於花謝後的初夏進行分株

鳶尾花、花菖蒲、燕子花於花謝後進行分枝，重新栽種。分株方法如同德國鳶尾花。將葉子修剪掉½後立即栽種。花菖蒲與燕子花性喜水分，因此，花壇裡栽種花菖蒲時，必須像P.103圖中所示，挖深植穴，將球根種深一點。燕子花通常種入花盆裡，再連花盆一起放入裝著水的容器裡。

聖誕玫瑰

直立生長的類型，長久栽種於相同場所，中心部位就不發芽，根莖露出盆土表面。趁生長狀況惡化前進行分株吧！

中心部位的根莖露出盆土表面的聖誕玫瑰盆栽。

以圓鍬挖出植株，儘量避免傷及根部。

以拳頭敲鬆根盆，敲掉盆土。

修剪老葉（秋季分株時才需修剪）。

以剪刀剪成兩大部分。

分成兩部分。

種在相同場所時必須進行土壤改良

避免植物出現忌地現象（相同植物連續種在相同場所，時間太長時生長狀況惡化的現象）的最理想作法是，將植物種在新的場所。但花壇空間有限，必須種在相同場所時，則必須進行土壤改良。

本單元將介紹相同植物必須繼續種在相同場所時的變通辦法。

填平原來的栽種場所，鋪上厚5cm的腐葉土。

以圓鍬將腐葉土均勻地混入土壤裡。

挖掘植穴，栽種時避免埋入新芽。

充分澆水，利用水流將土壤沖入根部間的縫隙。

栽種後情形。

只是土壤改良就能促進植物生長

挖出植株，將腐葉土或堆肥等均勻地混入植穴裡，即可促進聖誕玫瑰的生長。

伏根繁殖

根部長出不定芽（＊）的植物，即可將根部埋入土裡進行「伏根繁殖」。適合採行伏根繁殖的時期為初春與秋季。

＊不定芽：從生長點以外部位長出的新芽。

伏根繁殖訣竅與作業後的維護管理

伏根繁殖訣竅為根部橫向擺放，清楚分辨上下。發芽情形可大致分成芽由根部上方長出，與由根部中途長出兩大類。

橫向擺好根部後，需避免太乾燥。長出新芽前無地上部分，因此容易忘記澆水。插上標籤以避免忘記澆水吧！長出新芽後，擺在日照充足的場所，栽培至長出5至6枚本葉為止。

適期 初春（3月）、秋季（秋分前後至10月下旬）。

用土 市售扦插用土或以小粒赤玉土4・小粒鹿沼土3・腐葉土3調配的用土。

秋天進行伏根繁殖後，必須擺在盆土不會凍結的場所。

適合採用伏根繁殖方式的多年生草本植物

老鼠簕屬（請參照P. 124）、櫻草、秋牡丹、琉璃菊、三色堇、歐洲柏大戟、美麗月見草、柳穿魚屬、地黃屬等植物。

超簡單的琉璃菊伏根繁殖法

由花盆裡取出琉璃菊植株，將根盆修剪掉½。剪下的根盆直接種入花盆裡。

大約半年後情形。長出新芽後旺盛生長的植株。

山防風的伏根繁殖要領

山防風性喜涼爽氣候，適合於秋季以伏根方式繁殖。

使用直徑3至5mm的根。

剪下直徑3至5mm的根。

分別修剪成長7至8cm。

將用土倒入淺盆裡，根部橫向擺放，避免重疊。

覆土厚度約2cm後充分澆水。

伏根繁殖後栽培半年左右的情形。發芽後健康地成長的山防風幼苗。

11·12月 庭園維護管理行事曆

秋末的早晨。下過霜的庭園與轉變成紅葉的樹木。

當月的多年生草本植物

秋末至初冬時間期間，菊花類的花朵盛開，樹葉開始轉變成紅葉。秋季花卉繼續開放一陣子，秋牡丹的果實迸開成綿毛狀。大部分的多年生草本植物的地上部分枯萎，漸漸地進入休眠狀態，必須一面觀察狀況，一面進行修剪。常綠性植物越來越耀眼，聖誕玫瑰的新芽漸漸長大。葡萄風信子、石蒜等植物茂盛地生長，是冬季期間難能可貴的綠意。

主要的維護管理作業

防霜設施

時序邁入11月後就會下霜。10月下旬至11月期間栽種的幼苗尚未確實地扎根，必須覆蓋不織布，或於植株基部覆蓋厚厚的腐葉土或木片堆肥等，以避免因為下霜或形成霜柱而遭受寒害。覆蓋兼具促進根部生長，避免根盆因形成霜柱而往上頂等效果。

栽種・分株

春季開花的植物中，耐寒性較強的種類或進入休眠期的種類，繼10月份的維護管理作業後，可進行栽種與分株。適合分株的是玉簪、聖誕玫瑰、老鸛草、吊鐘柳等體質強健的植物。但分株時應儘量避免傷及根部。鐵線蓮盆栽可分株，庭植方面除鐵線蓮（Terniflora）等體質強健的品種外，則不能勉強分株。

整理枯萎枝葉

眺望庭園，開始整理枯萎的枝葉吧！避免損傷枝條上的新芽，由芽點上方幾cm處修剪。秋牡丹、馬利筋、柳葉菜屬等植物，留下殘

11月 November  **12月 December**

上旬 (立冬)	中旬 (11/10)	下旬 (11/20, 小雪)	上旬 (大雪)	中旬 (12/10)	下旬 (12/20, 冬至)

- 防霜設施（覆蓋）：11月上旬～12月下旬
- 栽種・分株（以春季開花植物為主）・整理枯萎枝葉：11月上旬～11月下旬
- 施肥（栽種時施用基肥）：11月上旬～11月下旬
- 栽種秋植球根（盆栽事先埋入土裡）：11月上旬～11月下旬
- 修剪落葉灌木類植物：11月上旬～11月下旬
- 害蟲防治（庭園樹木類的介殼蟲等害蟲）：11月上旬～12月下旬

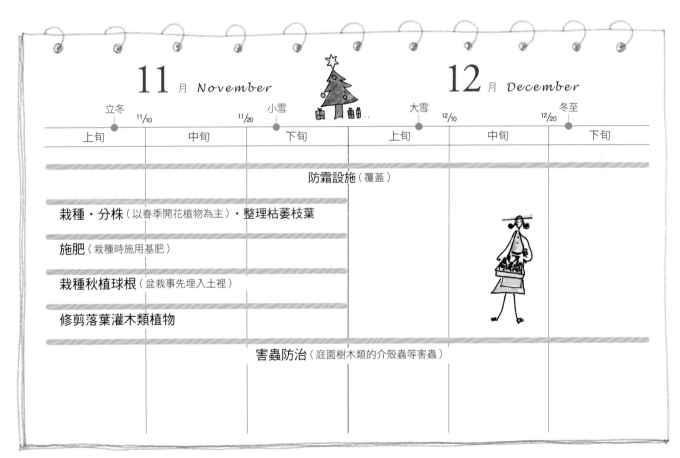

花，會結種子，風情萬種的植物，一直欣賞到果實掉落為止吧！

整理枯萎枝條

以大型修枝剪修剪枯萎的孔雀菊莖部。

修剪莖部後，新芽長得密密麻麻。以樹皮木片覆蓋植株基部周圍。

在秋末的庭園裡整理枯萎枝葉的情形。目標著春天作好萬全的準備。

將栽種著球根的花盆埋入庭園裡

栽培秋植球根的盆栽時，將花盆埋在庭園的角落上，即可避免盆土太乾燥與凍結。其次，亦可將腐葉土等覆蓋在盆土表面。

將秋植球根的花盆埋入土裡，埋好後覆蓋腐葉土等。

盆栽的維護管理

除聖誕玫瑰等植物之外，大部分多年生草本植物處於休眠狀態。休眠中的盆栽可擺在室外過冬，但需擺在不會吹到寒風等方便維護管理的場所。等盆土乾燥後適度澆水。庭園裡空間足夠時，將盆栽埋入土裡，既可避免盆土太乾燥或凍結，又可省下澆水的時間。埋入期間不需要施肥。

生長期間的聖誕玫瑰等植物，必須置於日照充足的場所。盆土乾燥時充分澆水，定期施以稀釋液體肥料等。

試試這種栽培方式吧！

製作簡易保溫設備

以木板等圍繞成四方形，上面安裝可透光的玻璃或塑膠布構成的蓋子，完成可讓植物順利地度過寒冷冬季的簡易保溫設備，這是小幼苗或耐寒性較弱的植物過冬的好幫手。保溫設備大小視置場空間而定。材料部分除木板外，四周可組裝硬質板狀隔熱材等資材。

天氣晴朗的白天打開簡易保溫設備的蓋子透透氣，以免箱內太悶熱。氣候嚴寒的地區使用時，簡易保溫設備外面加上草蓆或打包用氣泡緩衝材料等，外面再覆蓋一層塑膠布就萬無一失。

簡易保溫設施的構造

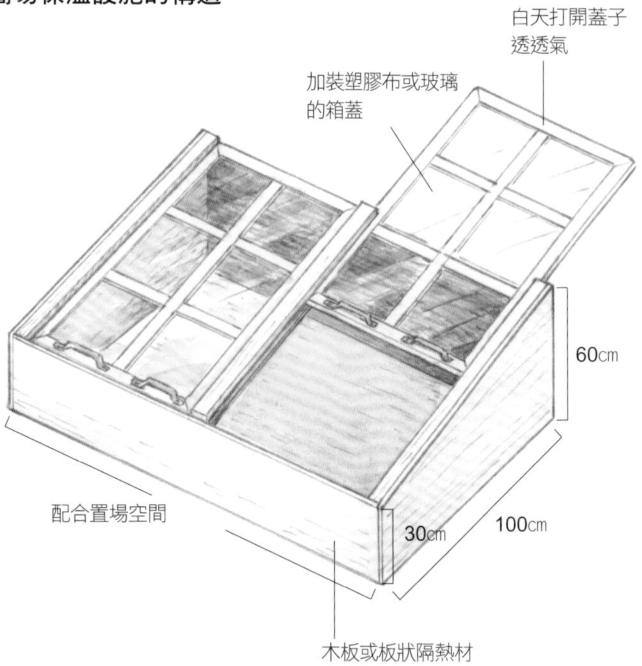

秋末期間栽種

秋末也適合栽種多年生草本植物。

重點 氣候越來越寒冷的時期，微微地鬆開根盆後覆蓋植株基部。覆蓋資材為樹皮堆肥或腐葉土等，覆蓋落葉等亦可。

必備用品 腐葉土・幼苗・圓鍬・移植鏟・樹皮堆肥等。

栽種場所混入腐葉土。

配置事先準備的幼苗。

微微地鬆開根盆。

挖掘植穴，栽種後輕輕地按壓植株基部。

充分澆水後，於植株間施用堆肥。

以堆肥覆蓋植株基部。

處理腐葉土

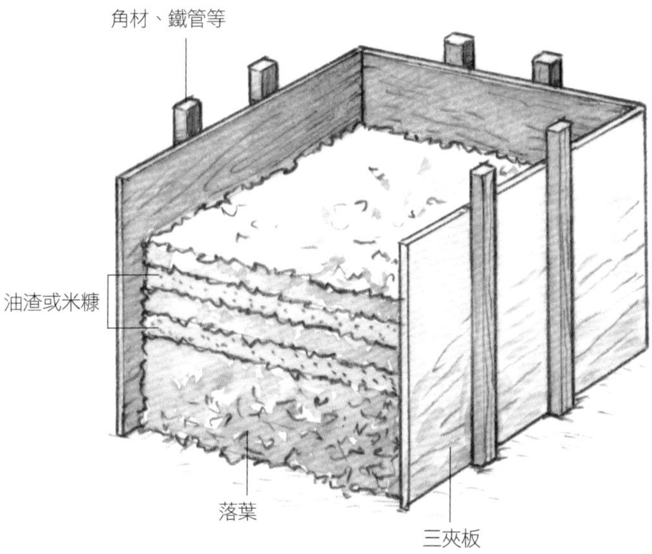

庭園裡種滿樹木的人家，一到了秋末，總是因為落葉而傷透腦筋，想不想將落葉處理成腐葉土呢？

適合處理成腐葉土的材料為針葉樹之外的落葉。栲樹或橡樹等常綠植物的落葉，或小竹、綠竹葉皆可使用。其次，方便取得米糠或油渣時，加入落葉與落葉之間後層層堆疊，即可處理成堆肥。以三夾板圍繞四邊，構成箱狀，裡面就能用於處理腐葉土或堆肥。箱子大小視落葉分量而定，邊長70cm的箱子使用更方便。

作法：

1 以圖中要領分別將兩根角材或鐵管等埋入土裡，豎起三夾板後圍繞三邊。

2 收集落葉後踏實。澆水後繼續踩踏。已取得米糠或油渣時，可加入落葉間後層層堆疊。重複以上步驟。

3 堆疊過程中加入最後一片三夾板以構成箱型。

4 覆蓋塑膠布，促使落葉腐化。大約半個月一次，掀開塑膠布，以圓鍬等工具，上下翻動半成品腐葉土後重新堆疊。太乾燥時澆水以潤濕半成品腐葉土。

＊繼續處理至春天，初夏即完成腐葉土（加入米糠則完成堆肥）。

能夠欣賞到多年生草本植物的庭園&植物園

多年生草本植物繽紛綻放著美麗花朵的庭園與植物園，
充滿著激發庭園建設靈感的種種巧思。

国営滝野すずらん丘陵公園

日本國營瀧野鈴蘭丘陵公園
北海道札幌市南区滝野247
TEL：011-592-3333
http://www.takinopark.com
隨處可見使用北國多年生草本植物的田園風庭園設計構想，處處都值得欣賞。

上野農場

北海道旭川市永山町16-186
TEL：0166-47-8741
http://www.uenofarm.net
可欣賞符合北國氣候環境而旺盛生長的多年生草本植物。

紫竹庭園

北海道広市美栄町西4線107
TEL：0155-06-2377
http://www4.ocn.ne.jp/~shichiku/
以150m帶狀多年生草本植物花壇為首，遼闊的園區內開滿季節花草。

山形市野草園

山形県山形市神尾832-3
TEL：023-634-4120
http://www.yasouen.jp
可盡情地欣賞四季野草與高山植物。

水戸市植物公園

茨城県水戸市小吹町504
TEL：029-243-9311
http://www.mito-botanical-park.com
園內隨處可見多采多姿的多年生草本植物。秋天的鼠尾草千萬別錯過。

Andy & Williams Botanic Garden

群馬県太田市新田市野井町456-1
TEL：0276-60-9021
http://www.joyfulhonda.com/jp/aw/
英國設計師打造的道地英式花園。

The Treasure Garden

群馬県館林市堀工町1050
TEL：0276-55-0575
http://www.sibazakura.com
混植多年生草本植物與玫瑰的庭園。

Miyoshi Perennial Garden

山梨県北杜市小淵沢町上笹尾3181
TEL：0551-36-5918
http://www.miyosi.co.jp/ababa/
符合日本氣候環境的自然風多年生草本植物庭園。

新潟縣立植物園

新潟県新潟市秋葉区金津186
TEL：0250-24-6465
http://botanical.greenery-niigata.or.jp
廣泛栽種多年生草本植物、杜鵑花、石楠花等植物。

Gardening Museum 花遊亭

愛知県豊田市大林町1-4-1
TEL：0565-24-7600
http://www.kayutei.co.jp
設有27個主題公園，庭院建設的絕佳參考。

安城產業文化公園DENPARK

愛知県安城市赤松町梶1
TEL：0566-92-7111
http://www.denpark.jp
園內一年四季都能夠看到多年生草本植物，還闢建栽培花卉的大型溫室。

廣島市植物公園

広島県広島市左伯区倉重3-495
TEL：082-922-3600
http://www.hiroshima-bot-jp
從草花到花木，可欣賞到豐富多彩的植物。蘭花、秋海棠都相當出名。

夏季期間花朵繽紛綻放的庭園。開花種類因季節而不同，值得一再地造訪的美麗庭園。（圖為Miyoshi Perennials Garden）

從事多年生草本植物銷售的店鋪&苗圃

從可彙整購買各類多年生草本植物的店鋪，到可深深地感覺出老闆品味的盆栽植物精品店，滿載植物栽培相關資訊。

店 店面販售　郵 郵購

大森Country Garden 店 郵
北海道広尾郡広尾町紋別14-73
TEL：01558-5-2421 FAX：01558-5-2647
http://homepage2.nifty.com/omorigarden/
以海外品種為首，生產、銷售各類多年生草本植物。並設樣品園。

及川Hula Green 郵
岩手県花巻市東和町砂子1-403
http://www.ofg-web.com
專門栽培鐵線蓮的苗圃。從春天開花品種，到秋季開花品種，栽培品種高達300餘種。亦提供錐形花架等資材郵購服務。

工藤Garden Plants 店 郵（部分限定地區）
岩手県岩手郡滝沢村巣子965
TEL：019-688-5010
http://www.gardenplants.jp
生產、銷售多年生草本植物品種高達千餘種。營業期間為春季至初夏及秋季。

ACID NATURE 乙庭
群馬県高崎市貝沢町1289-1　quarry-D
TEL：090-3913-7325
http://garden0220.ocnk.net
銷售多種稀有珍貴的多年生草本植物。觀葉類植物也很充實。

改良園
埼玉県川口市神戸123
TEL：048-296-1166 FAX：048-297-5515
http://www.kairyoen.co.jp
除多年生草本植物之外，銷售品項廣泛包括山野草、花木等植物。

小森谷苗圃
千葉県千葉市緑区大木戸町1196
TEL：043-294-4387 e-mail：bulb1@komoriya.co.jp
http://www.rakuten.co.jp/komoriya-nursery/
提供百子蓮、德國鳶尾花等稀有珍貴品種銷售服務。

Jelitto Perennial Seeds 日本事務所
千葉県浦安市高洲6-1-3-105
TEL：047-705-3760 FAX：047-315-7496
http://jelitto.com
專門販售多年生草本植物的德國種苗公司。提供種子郵購服務。

坂田種苗 通信販賣部 郵
神奈川県横浜市都筑区仲町台2-7-1
TEL：045-945-8824 傳真：0120-39-8716
http://sakata-netshop.com
廣泛從事各種植物、種子、園藝資材銷售，最具日本代表性的種苗公司。

玉川園藝 日野春香草庭園 店 郵
山梨県北杜市長坂町日野2910
TEL：0551-32-2970
http://www.hinoharu.com
從事香草類植物為首的各類多年生草本植物生產、銷售。

Ababa Perennial Garden 店 郵
山梨県北杜市小淵沢町上笹尾3181
TEL：0551-36-5918
http://www.miyosi.co,jp/ababa/
專營季節性多年生草本植物銷售。營業期間為春季至秋季。

八ヶ岳Fountain Farm 店
山梨県北杜市大泉町西井出5674
FAX：0551-38-7051 e-mail：fountain@oizumi.ne.jp
生產、銷售罕見珍貴的多年生草本植物。對於用土最講究。

GARDEN SOIL 店
長野県須坂市野辺581-1
TEL：026-215-2080
http://soilgarden.exblog.jp
提供草花苗與園藝資材銷售服務。附設的多年生草本植物庭園一定要去逛逛。

GREEN MARKET 店 郵
長野県佐久市八幡994
TEL：0267-58-0209
http://www.asashina-greenmaket.com
從事草花生產、販售。美麗庭園於春季至秋季期間開放參觀。

荻原植物園 店 郵
長野県上田市芳田1193
TEL：0268-36-4074
http://www.ogis.co.jp
玉簪、老鸛草等多年生草本植物陣容齊全。

春日井園藝中心 郵
岐阜県土岐市鶴里町柿野1709-120
TEL：0572-52-2238／0572-52-2281（溫室）
http://www.clematis-net.com
專門栽培鐵線蓮的苗圃，亦從事育種工作。

瀧井種苗 郵購部門 郵
京都府京都市下京区梅小路通猪熊東入南夷町180
TEL：075-365-0140
http://shop.takii.co.jp
廣泛從事各種植物、種子、園藝資材銷售，最具日本代表性的種苗公司。

學名（屬名）索引

植物名索引

ま

や

ら・わ

植物名索引

小黒 晃 (Oguro Akira)

1952 年生於日本群馬縣,千葉大學園藝學部園藝學科畢業。服務於山梨縣北杜市的種苗公司，工作項目以多年生草本植物之引進、試作、普及為主，還負責管理栽種五百餘種多年生草本植物的庭園。熟悉多年生草本植物的生長特性，栽培管理知識非常豐富。任職東京農業大學兼任講師，負責 Flower-Landscape 講座。主要著作《別冊 NHK 趣味の園芸ナチュラルガーデンをつくる宿根草》(監修)、《NHK 趣味の園芸よくわかる栽培 12 か月 ギボウシ》、《NHK 趣味の園芸 新版 園芸相談(8)ガーデン草花》(以上皆 NHK 出版刊物)。
「庭園係以八岳的大自然為範本。一邊活用多年生草本植物的特性，悉心管理，希望順應大自然，與大自然共存共榮。希望傳達奧妙無比的多年生草本 植物魅力」。

| 自然綠生活 | 20

從日照條件了解植物特性 ・
多年生草本植物栽培書

作　　者／小黒 晃
譯　　者／林麗秀
發 行 人／詹慶和
總 編 輯／蔡麗玲
執行編輯／劉蕙寧
編　　輯／蔡毓玲・黃璟安・陳姿伶・李佳穎・李宛真
執行美編／周盈汝
美術編輯／陳麗娜・韓欣恬
內頁排版／周盈汝
出 版 者／噴泉文化館
發 行 者／悅智文化事業有限公司
郵政劃撥帳號／ 19452608
戶　　名／悅智文化事業有限公司
地　　址／新北市板橋區板新路 206 號 3 樓
電子信箱／ elegant.books@msa.hinet.net
電　　話／ (02)8952-4078
傳　　真／ (02)8952-4084

2018 年 1 月初版一刷　定價 480 元

JYOKEN DE WAKARU SHUKKONSO GUIDE BOOK by Akira Oguro
Copyright © 2013 Akira Oguro
All rights reserved.
Original Japanese edition published by NHK Publishing, Inc.

This Traditional Chinese edition is published by arrangement with NHK Publishing, Inc., Tokyo in care of Tuttle-Mori Agency, Inc., Tokyo through Keio Cultural Enterprise Co., Ltd., New Taipei City, Taiwan.

經銷 / 易可數位行銷股份有限公司
地址 / 新北市新店區寶橋路 235 巷 6 弄 3 號 5 樓
電話 / (02)8911-0825
傳真 / (02)8911-0801

版權所有 ・ 翻印必究（未經同意，不得將本書之全部或部分內容使用刊載）
本書如有缺頁，請寄回本公司更換

國家圖書館出版品預行編目 (CIP) 資料

從日照條件了解植物特性 ・ 多年生草本植物栽培書 / 小 晃著 ; 林麗秀譯 .
-- 初版 . -- 新北市 : 噴 泉文化館出版 , 2018.1
面；　公分 . -- (自然綠生活 ; 20)

ISBN 978-986-95855-0-7 (平裝)

1. 盆栽 2. 園藝學

435.11　　106025405

Steff

攝影　伊藤善規　今井秀治
上住　泰　上林德寛
桜野良充　竹前　朗
田中雅也　筒井雅之
徳江彰彦　成清徹也
西川正文　蛭田有一
福田　稔　藤川志朗
牧　稔人　丸山　滋
圖片提供　うすだまさえ　おぎはら植物園
小黒　晃　加藤淳子

美術設計　山内浩史
設計　山内迦津子・林　聖子・赤木幸子(山内浩史デザイン室)
中野有希
水野哲也
DTP協力　荒　重夫・荒　好見(VNC)
插圖　常葉桃子(しかのるーむ)
浅岡みどり
校正　安藤幹江

編輯協力　浅岡みどり
大塚みゆき
編輯　うすだまさえ
加藤淳子
松崎　敦(NHK出版)

攝影協力　Andy & Williams Botanic Garden
上野農場
Fmail 長森
大森 Country Garden
おぎはら植物園
Gardening Museum 花遊庭
Garden Soil
Garden Plants 工藤
Clematis no Oka
國營瀧野鈴蘭丘陵公園
御殿場農園
The Treasure Garden
寶塚 Garden Fields
つどいの里 八ヶ岳草園
廣島市植物公園
Fountain Farm八ヶ岳
Perennial Garden Shop ababa
水戸市植物公園
見沼 Hosta Farm
miyoshi Perennial Garden
陽春園
Lobellia
攝影・採訪協力　跡部由美子　上杉勝子
梅木あゆみ　大須賀由美子
岡　正子　岡田健宏、千賀子
齋藤京子　坂下年宏
清水奈津子　長島敬子
名須みさ代　新田義明・義子
根津研一　前島光恵
資材協力　大原種苗
サンマーグ

自然綠生活15

初學者的

多肉植物&仙人掌日常好時光

編著：NHK出版

監修：野里元哉・長田研

定價：350元

21 × 26 cm・112頁・彩色

自然綠生活16

Deco Room with Plants here and there 美式個性風×綠植栽空間設計

作者：川本 諭

定價：450元

19 × 24 cm・112頁・彩色

自然綠生活18

以綠意相伴的生活提案

授權：主婦之友社

定價：380元

18.2 × 24.7 cm・104頁・彩色

自然綠生活19

初學者也OK的森林原野系

草花小植栽

作者：砂森 聰

定價：380元

21 × 26 cm・80頁・彩色

自然綠生活20

多年生草本植物栽培書：

從日照條件了解植物特性

作者：小黑 晃

定價：420元

21× 26 cm・160頁・彩色

綠庭美學01

木工&造景・綠意的庭園DIY

授權：BOUTIQUE-SHA

定價：380元

21×26公分・128頁・彩色

綠庭美學02

自然風庭園設計BOOK

設計人必讀！

花木×雜貨演繹空間氛圍

授權：MUSASHI BOOKS

定價：450元

21×26公分・120頁・彩色

綠庭美學02

自然風庭園設計BOOK

設計人必讀！

花木×雜貨演繹空間氛圍

授權：MUSASHI BOOKS

定價：450元

21×26公分・120頁・彩色

綠庭美學04

雜貨×植物の綠意角落設計BOOK

授權：MUSASHI BOOKS

定價：450元

21×26 cm・120頁・彩色

綠庭美學05

樹形盆栽入門書

作者：山田香織

定價：580元

16 × 26 cm・168頁・彩色

花草集01

最愛的花草日常

有花有草就幸福的365日

作者：增田由希子

定價：240元

14.8×14.8公分・104頁・彩色

以青翠迷人的綠意
妝點悠然居家

自然綠生活01
從陽台到餐桌の迷你菜園
授權：BOUTIQUE-SHA
定價：300元
23×26公分・104頁・彩色

自然綠生活02
懶人最愛的
多肉植物&仙人掌
作者：松山美紗
定價：320元
21×26cm・96頁・彩色

自然綠生活03
Deco Room with Plants
人氣園藝師打造の綠意&
野趣交織の創意生活空間
作者：川本諭
定價：450元
19×24cm・112頁・彩色

自然綠生活 04
配色×盆器×多肉屬性
園藝職人の多肉植物組盆筆記
作者：黑田健太郎
定價：480元
19×26cm・160頁・彩色

自然綠生活 05
雜貨×花與綠的自然家生活
香草・多肉・草花・觀葉植
物的室內&庭園搭配布置訣竅
作者：成美堂出版編輯部
定價：450元
21×26cm・128頁・彩色

自然綠生活 06
陽台菜園聖經
有機栽培81種蔬果，
在家當個快樂の盆栽小農！
作者：木村正典
定價：480元
21×26cm・224頁・彩色

自然綠生活07
紐約森呼吸・
愛上綠意圍繞の創意空間
作者：川本諭
定價：450元
19×24公分・114頁・彩色

自然綠生活08
小陽台の果菜園&香草園
從種子到餐桌，食在好安心！
作者：藤田智
定價：380元
21×26公分・104頁・彩色

自然綠生活 09
懶人植物新寵
空氣鳳梨栽培圖鑑
作者：藤川史雄
定價：380元
17.4×21公分・128頁・彩色

自然綠生活 10
迷你水草造景×生態瓶の
入門實例書
作者：田畑哲生
定價：320元
21×26公分・80頁・彩色

自然綠生活11
可愛無極限・
桌上型多肉迷你花園
作者：Inter Plants Net
定價：380元
18×24公分・96頁・彩色

自然綠生活17
在11F-2的小花園：玩多肉的 365日
作者：Claire
定價：420元
19 × 24 cm・136頁・彩色

自然綠生活12
sol×sol的懶人花園・與多肉
植物一起共度的好時光
作者：松山美紗
定價：380元
21×26 cm・96頁・彩色

自然綠生活13
黑田園藝植栽密技大公開：
一盆就好可愛的多肉組盆
NOTE
作者：黑田健太郎，栄福綾子
定價：480元
19×26 cm・104頁・彩色

自然綠生活14
多肉×仙人掌迷你造景花園
作者：松山美紗
定價：380元
21×26 cm・104頁・彩色

本圖片摘自
《在11F-2的小花園：玩多肉的 365日》